我的

秘密花园

__ THE SECRET GARDEN __
OF MINE

花也编辑部　编

中国林业出版社
China Forestry Publishing House

图书在版编目（CIP）数据

我的秘密花园 . II / 花也编辑部编 . –– 北京：中国林
业出版社 , 2021.1

ISBN 978-7-5219-0994-4

Ⅰ . ①我… Ⅱ . ①花… Ⅲ . ①旅馆—花园—
介绍—中国②饭店—花园—介绍—中国 Ⅳ .
① F726.92 ② TU986.2

中国版本图书馆 CIP 数据核字 (2021) 第 020556 号

责任编辑： 印　芳　邹　爱
出版发行： 中国林业出版社
　　　　　　（100009 北京西城区刘海胡同 7 号）
　　　　　　http://www.forestry.gov.cn/lycb.html
电　　话： 010-83143565
印　　刷： 北京博海升彩色印刷有限公司
版　　次： 2021 年 4 月第 1 版
印　　次： 2021 年 4 月第 1 次
开　　本： 710mm×1000mm 1/16
印　　张： 13
字　　数： 237 千字
定　　价： 68.00 元

前言

出版于1911年的小说《秘密花园》讲的是这样一个故事：任性孤僻的小女孩玛丽成了孤儿，被寄养到位于英国一处古老庄园的亲戚家，那里有性情乖戾、常年卧病在床的表哥科林，阴森的房子、冬日萧瑟的荒原，一切都死气沉沉的。后来，他们在附近农家小孩迪康的陪同下，一起开始探索庄园的秘密，那个被关闭多年的花园。随着秘密被揭开，他们和园丁一起打理起了花园。当春天到来，万物复苏，泥土里拱出嫩芽，渐渐地墙上的月季开满花，快乐回到了女孩的脸上，科林离开了轮椅，双脚踏上花园的地面，而那个丧妻多年古怪阴鸷的父亲也张开了怀抱。伴随着秘密花园的复活，他们也一起复活了。

花园真的有这么大的魔力吗？我记得有个花友说："不是我在打理花园，而是花园在陪伴我。"关于花园的疗愈作用，我想很多拥有花园的人都有这样的体会，当你下班回到家，闻到院子里花儿的香味，一下子，人就放松下来了。你会在春天看到树梢冒出嫩芽而喜悦，你会被雨滴落在树叶上的声音而打动，你会在照料花草的同时，发现阳光很美好，泥土带着芬芳，而每一株种下的生命，都会在某时某刻给你带来绽放的喜悦。

英国BBC的主持人Monty Don（中国花友们亲切地叫他蒙叔），早年是一个严重的抑郁症患者，他在打理花园的过程中慢慢地疗愈了。而国内花园主也有好多这样的例子，因为有了花园，不知不觉心情变好了，慢慢恢复了健康。园艺疗法在这方面，有更专业的诠释。

《我的秘密花园》系列，我们汇总了国内几十个花园和她们的故事。请打开，你会发现花园疗愈我们的秘密。

花也主编 玛格丽特-颜

2021 年 3 月 30 日

目录

朝花夕拾之地，拾芳园

图 | 玛格丽特 - 颜　　**文** | 张星华

春已尽，夏未央。

江南正值梅子黄熟之时，烟雨霏霏而不绝，感其利兮，泽被万物。

也津润了思忖良久的那场清梦——造个院子。

主人：张星华
面积：500 平方米
坐标：江苏常州

　　彼时，拾芳园还是一片荒地，或者说废墟。

　　最终决定建园，除了友朋的诚挚邀请之外，便是河边那三株几十年前当地百姓手植，后来被花木市场保护下来的榔榆了。

　　两棵紧挨着的，站位应该和鲁迅先生后园的枣树差不多。一棵直立而上，沿着玻璃房向屋顶延展而去，一棵倾斜而下，贴着水面向河中央踱步而行，形态各异。令我感到诧异的是，靠这

么近，他俩发芽展叶的时间竟然相差一月有余！看这脾性，我干脆私下呼称呼他们为"榆郎""榆娘"，凑一对儿。还有一棵，在榆郎和榆娘的西南一旁，就叫它"榆彷"了，在一旁看着，彷徨着。也不知道他们各自满不满意。

　　这么多年，兀自站立在岸边，阅尽春花和秋月。往事尚知多少，不知道。但微风细雨斜过，他们止不住地向我招摇，潇洒至极的样

左页 侧院牡丹、芍药坡上，靠竹篱笆旁设琴台一座，待良人抚琴听曲、烹泉煮茗

右页上 望月台上，仰望则是树绿婆娑，光影斑驳，少了林逋的山园小梅，尚有夏夜清风黄昏月

右页下 下观，溪水清浅、疏影横斜。在榆郎、榆娘的怀抱里，体味和自然同频呼吸的玄妙

子，却映照心间。

像是他乡邂逅了久违的故知，满怀欣喜的着急要和我倾诉所有。

我又何尝不是呢？

只是道了句：我来了！久等了。

走进荒草地，真的是披荆斩棘。到处爬满的拉拉藤冷不丁的就拉扯着我的手脚，奇痒无比，伴着丝丝血迹的若隐若现，真是后悔没有身着长衣长裤。深入，蚊子也在这里安居乐业，并且"蚊丁兴旺"。估计是打扰了一个大家族的休息了，成千上万只蚊子一哄而出！真是好特别的欢迎仪式。

被惊扰的，除了蚊子，还有别的"原驻民"。苗木被移走而形成的一个个小坑，积满了水。这里俨然成了青蛙们的露天浴池，立定

须臾，耳畔便可听取蛙声一片。黄梅时节，此情此景，像极了赵师秀笔下的"青草池塘处处蛙"的画卷。

那是我童年的记忆。

当然，这仅仅是个开始。

造园注定不是一条容易的路，于我来说，更像是一次涅槃重生。

将枯枝败叶整理于一隅后，雨中点火，竟然真的出现了凤凰涅槃似的火相，一副振翅欲飞的样子。

我将其称之为燎"园"之火，从那时候开始到现在，一直在心底幽幽的燃烧着，温暖着我在造园路上砥砺前行。

很多人问我，当时在造园之前有没有考虑过风水。关于风水，其实我一直觉得，最好

造园十月有余，酣意正浓时。从千寻亭望向正院，水系方成，等待植栽作画

上左 后院熏庭的密道，青石板嵌在白川砂中，次第延伸至院内院外，一头是静谧，一头是喧嚣

上右 点点泛黄处，短月藓的孢子们奏响集结号，苍翠欲滴间，尖叶匍灯藓肆意蔓延至泸州油纸伞下，纳一片清凉

下 熏庭。檐角设雨链一立，引天水至石制香台，待到雨日水满而溢之时，枯山水也就不再枯涸了

的风水是人，是你自己看着舒不舒服。所以在相地的时候其实省去了所谓的"卜邻"和"究源"等步骤，就察地而已。

明代造园家计成提到，造园成功的关键在于：巧于因借，精在体宜。讲的是对整个场地现有情况的把控，"因"地制宜、"借"景取胜、规划得"体"、布局合"宜"。

现场测量一番后，有事儿没事儿又在晴天、阴天、白天和晚上多次现场感受了一下，想着以后在这里做什么，那里放什么。这样，才有了现在大家看到的望月台，千寻亭，牡丹坡，垂花厅……

这些都是在充分考虑实际地形和环境的基础上放进去的，也比较容易创造出心里所想的景观和意境，最关键的是能够节省成本。

规划图也好，鬼画图也罢，总得要一个的。随便勾了两个版本。最后考虑建造成本以及施工难度，综合了一下。

拾芳园主要分为前院、正院、侧院、垂花厅、茶室和后院。

前院是整个院子的"序曲"。

经过"雅鲁藏布大峡谷""三潭印月"等预想方案之后，最终用日式枯山水的手法捏造了一个"曲水之庭"。为什么用"捏造"呢？因为贯穿整个前庭的旱溪真是跪在那里一点一点"捏"出来的。

曲水之庭。众所周知，说的是永和九年的上巳日，王羲之偕亲朋谢安、孙绰等42位全国军政高官，在兰亭修禊后，举行饮酒赋诗的"曲水流觞"活动，至今被传为千古佳话。拾芳园前庭也意在取此雅集所代表的精神，印刻园子的氛围。

正院，因其面积最大，再加上西南墙角有假山泉水的"哗众取宠"，一跃成为主角。院内溪水潺潺，取长江入海口一段为形，蜿蜒曲折至院中。溪上架小桥一曲，通至千寻亭，此处乃体验道家"坐忘"的极佳境地，且可一览正院全景。越牡丹坡，踏汀步石，即入主茶室，极目四望，唯有庭院深深深几许可以形容所见。待一场秋雨春花、夏雨冬雪，人生也就圆满。

出茶室东门，右边过了紫藤架，便入垂花厅，厅内花草满穹顶，似苍翠瀑布缕缕而下，四周环顾，绿意盎然。出东南门则上望月台，近西南门则再入正院。

垂花厅正南则是侧院。侧院依势而建，差不多1/3处靠竹篱立了琴台一座，以便日后良人抚琴听曲。度芍药牡丹坡，过二十四节气栈道，就到了牡丹亭。亭内开方圆二孔，方圆之间设茶座及纳凉美人靠，亭外芭蕉摇曳生姿，

上 暮春时节，榆娘旁下的高山杜鹃'贵妃'，笑意绵绵

下 无论是花开花败的春秋，还是云气氤氲的夏冬，这径石阶，总让人觉得，她不仅仅通向河边与正院，还连接着过去和未来

上　幽草涧边生，群鸟深树鸣。肾蕨和对岸的绣球在鸟儿的呢喃细语里隔溪对唱，那是夏日的风物诗

下　金桂树下，是日常扫净的青苔地，被唤为天下茶屋的石灯笼，站立在老石臼上，他是这片苔地的守望者

翠竹青青述情，好不惬意。赏景的同时或许还可体悟生活之困。

沿栈道折回，亦可拾阶而上入后院"熹庭"。小扣柴扉，忽闻水声潺潺，得见一蹲踞。水自竹筒泻出而落袈裟钵，钵内落花浮荡，荡人心怀。尽头则是榻榻米茶室，此处为饮酒品茶佳地，尤以冬日为好。

造园这事，急不来。

从一花一树一池，到一砖一石一瓦。

院子一定是在不知不觉中慢慢热闹起来的。它和孩子一样，刚开始可能觉得也就这样，有的时候还有点嫌弃。但后来，会越看越欢喜。

现在，

园子的每一处好像都有了它们存在的理由。大家各有所好。有的人觉得那一方"枯山水"给他带来了一些禅思，可以静虑而有所得；

有的人觉得那一弯长江入海口的微缩水系让他茅塞顿开……关于这一点，我都不信。

再者，上阶绿的苔痕让画师心安，随风招摇的拳蕨让茶人心生欢喜……

最重要的，也是让我决定尝试记录并分享拾芳园的建造，以及背后那些故事的原因是：很多各界的朋友来拾芳园小坐后，多多少少都会觉得身心的压力有所缓解，也有一些未曾谋面的朋友通过各种平台找到我，说感谢我发布的那些院子的日常，那些虫鸣鸟唱，那些岁月情长。让他们在情绪低落时感觉到一丝轻松，甚至让有些人又重新开始相信生活的美好。

我倍感意外，欣喜。

我们总是羡慕别人的诗意和远方，

他们所看到的也只是拾芳园的一面。

其实，我们当下的或喜或悲，或苦或甜，在别人眼中不都是远方么。

我一直相信，

所有的努力总会有一个结局，

重要的是，

在最终结局到来之前，

你是否耐得住寂寞，守得稳初心。

拾芳园的登场，用了将近3年时间。

须臾之间，一点也不长。

心里的那一抹光源，从河岸的星星之火开始，也一直燃到现在。

我想，它会一直燃烧下去。

照亮自己，也希望可以照亮别人。

为人点灯，明在我前。

如果关于拾芳园的所有，只要能够给人带去一点点积极影响的话，我就觉得有必要把这些"所有"做一下分享。

拾芳园，

她是一方朝花夕拾之地，

在这里，我们把那些传统的、美好的东西以虔诚的心重新拾起；

她是一处芳草鲜美之所，

在这里，我们感受四季更迭，体味节气里的花鸟风月，人间值得；

以后，

她也是一个牡丹常开之园，无论何时，我们都可以欣赏到众香国里最惊艳的牡丹，即使，在白雪皑皑的青苔地上。

半山半水半田园

图｜玛格丽特 - 颜　　**文**｜徐伟

主人：朱文俊
面积：650 平方米
坐标：江苏常州

拥有一个自己的庭院是很多人心中的梦想，而充满诗情画意的山水空间更是无数人心中永恒的情结。当你有一块空地能够让你尽情发挥、实现自己梦想的时候，很多人脑中却又思绪凌乱，不知如何下手。对于从事园林行业的景观大师"朱文俊"先生来说，在决定改造设计"半园"的时候，也面临着这样的局面。

　　"半园"坐落于常州夏溪迎宾大道与紫薇路交叉口，占地面积约420平方米。改造之前就是简单的垒石、水池。经过半年多的改造，加筑火山岩和木栅栏围篱，中间叠石调整，花境小径重新布置，渐渐庭院有了模样。不过对于园主人朱文俊来说，这个庭院依旧只是完成了一半。他说："庭院就是不停地折腾，你所看到的庭院永远只是一部分，另一半属于遐想

左页　庭院就是不停地折腾，你所看到的庭院永远只是一部分，另一半属于遐想和再次提升的未来

右页　现代与古朴相结合的亭台水榭坐落于水系西侧与南侧，而在北面，则是一组由泰山石组合而成的大型山水跌瀑

和再次提升的未来。"

粗犷质朴的条石台阶向上，是整个"半园"的入口。木结构制成的垂花门、两侧的抱鼓石以及外围自然山石及草花打造的花境景观，显示着园主人对传统中式园林以及自然山水的倾慕。聆听着入口跌水景墙上潺潺的流水瀑布，步入园区大门，首先映入眼帘的是一组错落有致的自然山石，配合丰富的植物造景，蕴含着传统中式园林对于院落规划的一进院的"照壁"效果，取"开门见山"之意。

沿着古朴的地面铺装向南侧蜿蜒而行，穿过由植物形成的自然门洞之后，来到了整个院落的第二进院，此区域虽小却精，是整个院落中最为精致的景观区域。在山石的围合中，利用深色砂石以及自然石磨打造的特色园路，再现中国传统园林对于旱溪景观打造的精髓。而植物的选择更是以精巧、精小的多肉类植物为主，是以管中窥豹，可见园主人对

一花一木一世界，半山半水半田园"——万物皆有魂

在整个步行游览中，体验着不同植物造景的妙趣，在
蜿蜒曲折中感受着小空间的不凡变化

于自己院落打造的尽心尽力。

穿过二进院，跨过自然山石而成的石阶，步入院落的下层空间，是整个"半园"的最精髓部分——三进院落。现代与古朴相结合的亭台水榭坐落于水系西侧与南侧，而在北面，则是一组由泰山石组合而成的大型山水跌瀑，从整个游园路径、视觉感官上，形成对整个院落水系的围合，完美地诠释了《道德经》中对于"万物负阴而抱阳，冲气以为和"的意境理解。坐于水榭之中，饮一杯香茗，欣赏着对面山石之上潺潺的流水，于闹市中独享一片宁静与祥和。

在水榭的东侧，设计了一组亲水栈道，由南向北，再连接至园区大门入口处，在整个步行游览中，体验着不同植物造景的妙趣，在蜿蜒曲折中感受着小空间的不凡变化。小小的庭院却包含着园主人海阔天空的奇思妙想，在一步步精心打造下，才有今天"半园"的诞生。引用园主人的一句话："一花一木一世界，半山半水半田园"——万物皆有魂。

左页　粗犷质朴的条石台阶旁种了些花朵
右页上　青石砖小道一侧的木结构围墙
右页下左　各种园林小品，使景观富有野趣
右页下右　角落里的矾根点亮整个角落

飞猫乡舍，
点靓人间四月天

图一侯晔、玛格丽特 **文**一玛格丽特-颜

在扬州，无人不知『飞猫乡舍』，无人不晓『侯爷』的名号。春光明媚，正值扬州城最美的季节，我们一行人下到扬州，顾不上玩赏千年古城的风光秀美，人文荟萃，因为大家心里早已定下此番行程的目的地——扬州城外久负盛名的飞猫乡舍，国内乡村风格花园的典范。

主人：侯爷 & 飞猫
面积：3000 平方米
坐标：江苏扬州

侯晔人称"侯爷"，名字里透着霸气侧漏，做事也是雷厉风行，说干就干，没有任何拖泥带水。外贸白领做得好好的，因着喜欢上了园艺，喜欢上了花园生活，在城里的小露台上折腾了几年，觉着没个花园不给力，恰好先生"飞猫"在扬州的乡下有一个老宅，周围还有大片的农田菜地，俩人一商量，便一起辞了职，回到乡下种花种菜去了。

侯爷说："就是想换一种方式去生活！"

人生在世，潇洒走一回

这一换便有了四季风景皆胜美、堪称国内最美乡村风格花园的"飞猫乡舍"；有了一群志同道合，一起种花、一起聚会，在这"冷清"人世间相互"煽风点火"的朋友；也成就了侯爷和飞猫的花园之梦，成就了一段不落于世俗、洒脱、真实、完全不一样的人生。

我想到了元代诗人许有壬写道："墙角黄葵都谢，开到玉簪花也。老子恰知秋，风露一庭清夜。潇洒、潇洒，高卧碧窗下。"这不就是侯爷和飞猫田园生活的真实写照吗？"追寻内心的呼唤。"这句话说多了或许矫情，可是又有多少人能有勇气放下眼前安逸的生活，去追逐自己的梦想呢？

寥寥无几。

左页　容器花园与小摆件的组合完美融入小院中
右页　木栅栏围着的油菜花，充满自然野趣

霸气下的似水温柔

对侯爷最早的认识来自于她出品的几款创意花架和花园椅，精妙的设计在众多私家花园里显得格外出挑，衬托着各个花园的美。侯爷说，那些年走了很多国外的花园，特别想能够把这些园艺创意搬到国内的花园里。先生"飞猫"二话不说，便动手变成了实物，户外家具的用色也是极为大胆，像极了湘西妹子侯爷洒脱任性的风格。

再后来，约过几次侯爷的稿子，写她冬日里的"飞猫乡舍"，写她花园里的几只狗狗。终于在2018年的4月初，有机会与蔡丸子、小金子一起驱车前往扬州，第一次实地拜访传说中的侯爷的花园。见到飞猫乡舍中一袭白裙，帽子下笑妍如花的侯爷，才突然意识到这竟然是我第一次见到侯爷本人，原来我们口口相称的"侯爷"竟是一位如此温柔的女子。

记得有一位花友聊起侯爷，印象最深刻的是她那热情如火、洒脱爽朗，还有她不忙不慌不乱的性格。这个形容非常到位，眼前这位湘西妹子在花园里一站，有一种挥斥方道的气场，自然带着耀眼的光芒。侯爷说："拥有一个乡舍花园，在花园中的劳作对我而言就是享乐，可以实现自己的梦想，这就足够了。"说着话的工夫，她又忍不住去把新长的铁线莲枝条盘好。我说："真好看。"侯爷一回头，嫣然中是一张自信而从容的笑脸。

侯爷与六姊妹的"花园理想国"

乡舍，本是先生"飞猫"家的老宅，位于扬州的郊区，周围有大片的空地，散落着几棵果树，荒凉冷清。侯爷和飞猫用了五年时间，逐步改造，他们还把隔壁邻居的房子和空地也租了下来，连成更大的花园。邻居的房子经过改造，成了一起玩花园的"玩家六姐妹"周末的乡村度假之所。即使不是节假日，几个姐妹逮了空儿便忍不住带着家人过来，一起捯饬花园，一起做美食。在星空清亮的夜晚，点着篝火，对饮"强嫂酒坊"用6种粮食精酿的"六姐妹酒"，围炉夜话。别说羡煞旁人，连自己每每回想起来都觉得这样的日子是不敢想象却变成现实的奇迹，像活在梦里，因此也就格外珍惜在飞猫乡舍的花园生活。

乡舍花园现在的面积约有3000平方米，从入口两栋房子间的绣球小路进去，就是花园的主体部分。一侧的矮墙入口，青苔布满的青砖墙上种了很多丛生福禄考，在四月天里格外灿烂地盛开着。花园里分别用平台、小径、溪水、石头驳岸和不同的门篱布置了几个小区域。在靠近厨房和廊架的休闲区，有给狗狗们专门定制的狗舍，一处不大的草坪是狗狗们最爱玩耍的地方。四周的花境有靠近石头驳岸的二月兰小径，也有靠近工具房，就着铁线莲花架高低错落的花境。蜿蜒小路的那头，开辟了一小块木框架搭出的菜地。侯爷说："乡下采购不方便，便自己种菜，养鸡鸭鱼。基本实现自给自足。"

独乐乐不如众乐乐

乡舍的另一半是后来改造的，面积更大，被侯爷设计了欧洲月季长廊，挖了一处池塘。池塘的旁边矗立着一座白绿色木艺搭配白纱的阳光房，白纱轻飘，仙气得很。打制的桌面使用的是收集来的老门板。在季节更迭，景色随之变换的花园时光里，侯爷会邀请一帮花友过来聚会，欢聚在能容纳30多人的池畔阳光房，采摘自己种的花草植物做布置，品自己做的烘焙点心，饮"强嫂"酿的美酒。夜色中，一群有着共同向往的花园人一起举办篝火晚会，唱着笑着，有时还会来一场露天电影。一旁木绣球前的强嫂酒坊是侯爷花园聚会佳酿的供应据点。"强嫂"是大家对侯爷母亲的昵称，妈妈酿的酒特别美味，大家都超爱喝。虽然每年强嫂酒坊的酒会酿制很多，却似乎总也不够喝。

四月春光下的油菜花田还金灿灿的，与侯爷新布置的英式花境遥相呼应。这个花境利用球宿根植物和观赏草的交替种植打造"你方唱

左页　拥有一个乡舍花园，在花园中的劳作就是享乐，可以实现自己的梦想，这就足够了

右页上　在靠近厨房和廊架的休闲区，有给狗狗们专门定制的狗舍，一处不大的草坪是狗狗们最爱玩耍的地方

右页下左　花园中的小品

右页下右　爱人就在身边，朋友就在隔壁，夫复何求

罢，我方登场"的视觉欣赏效果。不同的季节孕育出不同的美丽。

花园里陈列着很多特色的铁艺、木作制品，甚至花园房和工具房的模件，灵感多来自她曾经走过的国外花园，留在脑子里的设计想法，回来再深度加工并试验。侯爷现在设立了自己的工作室，帮助别人设计花园。飞猫先生曾说："造花园的初心是为了换一种方式去生活。一路走来，从本来的自娱自乐不知不觉地玩成了职业，幸运地遇到了志同道合的玩家兄弟姐妹。一帮爱好花园和植物的朋友们在一起相处特别快乐。"

是的，喜欢花园的人容易相处，就像植物，给点儿阳光就灿烂。

新租的农舍被设计成每个姐妹各占一间的乡村度假屋。用玩家六姐妹的话来说："爱人就在身边，朋友就在隔壁。夫复何求？"

侯爷碎碎念

Q： 花园里种怎样的植物既好打理又好看？

A：尽量挑选多季观赏期的植物，比如春天观花秋天观叶，春天观叶秋天观果，或者四季不凋的彩叶灌木，以及株形很好看的小乔木。

Q： 你怎么有时间侍弄这么多花花草草？

A：平时工作也很忙，只能利用早晨和傍晚的时间料理花园和植物。

Q： 身为园丁，一年四季到底要在花园里做些什么？

A：总的来说，播种、施肥、修剪残花。到了冬季，把该御寒的植物搬入室内。早春几乎每天都在花园里劳作，夏季早晚的浇水工作成了主要任务，秋季偶尔会比较忙，更多的是享受花园时光，初冬到大寒这段时间迎来花园收获的季节，即使不在花园都会时时念想。

Q： 你的花园里总共有多少花？

A：粗略地统计，每个季节开的花大概有一两百种，整个花园四季有景，大概有两三千种植物生长其中。

Q： 为什么十月至十一月的花园景色会很美？

A：熬过酷热的夏季，植物们需要一定的时间来恢复元气。大概一个多月后，也就是秋末冬初，月季再次进入花期，变色的圆锥绣球分外美丽，彩叶的乔灌木进入一年中色彩最丰富的季节，宿根花卉的秋花和观赏草的花絮相映生辉，在一片萧瑟中荡气回肠。

左页上 在廊架下品茶赏花，围炉夜话

左页下 池塘的旁边矗立着一座白绿色木艺搭配白纱的阳光房，白纱轻飘，仙气得很

右页下右 熬过酷热的夏季，植物们需要一定的时间来恢复元气。秋末冬初，彩叶的乔灌木进入一年中色彩最丰富的季节，宿根花卉的秋花和观赏草的花絮相映生辉，在一片萧瑟中荡气回肠

微光闪闪，一座曼妙花园

图 — 微尘、淼淼妈　文 — 微尘

关于花园是什么的问题，在微尘的心中早已有了肯定的答案：花园是心灵的归处，让每个家庭成员在其中找到属于自己的位置；花园是回家后的身心放松，放下一切戒备，把心交予自然；花园是孩子们的乐土，花间寻觅欢乐，树下珍藏童年回忆；花园是全家人的幸福所在。

微尘是位大学副教授，酷爱园艺和摄影，她的花园起名叫"曼妙花园"，缘起于她的两个女儿——大妙和二曼。微尘将花园的英文名字定为Hope Garden，原因之一"Hope"是自己的英文名，再者，她觉得在花园里播种的是希望，心中满怀的是希望，收获的也是希望。她坚信，有希望一定是幸福的。

微尘爱花园，尤爱在花园里耕耘，她说通过耕耘可以学会承受和担当。每一个夜晚，在花香拂过的枕边入眠；每一个清晨，被花开的声音唤醒。微尘爱雨中的花园，雨滴落在花朵上、叶子上，滴滴答答，湿淋淋的，那是春天爱花的泪水。微尘爱夏天的花园，蝉鸣声里，火热的凌霄和清凉的蓝色牵牛竞相争做夏日的主角。微尘说其实她最爱的是五月的花园，欧洲月季来袭，一年中最幸福的时光开启。月季'龙沙宝石'的清新、月季'炼金术师'的

浓烈、金银花的坚韧、白色睡莲的静谧、月季'西班牙美女'天使般的裙摆……每一朵花都是主角，每一朵花都有一个故事。

曼妙花园 妙趣横生

微尘的曼妙花园面积不大不小，刚刚好，花园围绕着房子的南、东和北三面呈C形延展开。花园外环绕的小河又将花园与小区的人行步道隔开，远离喧闹，独享宁静，家园俨然化作都市中的一处世外桃源。

花园南面，屋檐的玻璃廊架下分别种了'炼金术士''龙沙宝石''玛格丽特王妃'和'西班牙美女'四株大型藤本月季。每逢5月，它们竞相绽放，打响春天争奇斗艳的第一炮。花园南区由东往西被分成高低不同的三块区域。最东边的一块区域原本是一块草坪，后来因为狗狗搞破坏，改造成了一个花生形状的

主人：微尘
面积：150平方米
坐标：江苏盐城

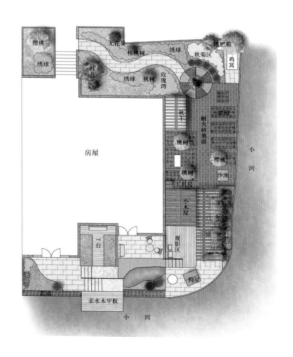

左页 微尘爱雨中的花园，雨滴落在花朵上、叶子上，滴滴答答，湿淋淋的，那是春天爱花的泪水
右页 微尘爱夏天的花园，蝉鸣声里，火热的凌霄和清凉的蓝色牵牛竞相争做夏日的主角

鱼池。微尘一直认为水系是花园的重要组成部分，缺少了水的花园就少了一份灵动，至少不算是完美的花园。鱼池周围的铁艺栏杆上攀爬着一株花期绵长、芳香浓郁的粗根万字茉莉，它现在的生长状态已经近乎疯狂，野蛮扩张，完全将铁艺栏杆团团包围住，并且张牙舞爪地挡住行走的小道，令花园多了几分不加雕琢的狂野姿色。

中间区域原本也是一块草坪，后来改做成防腐木的T台。T台两侧保留了原土，春天是郁金香小花海，球根季结束后天竺葵登场。而这个被鲜花簇拥的T台上的主角非大妙和二曼莫属。大妙喜欢坐在T台尽头的铁艺木椅上弹吉他，那个前后不停走秀的模特就是二曼。姐妹俩台风端正，搭档默契。

南区西边的部分正对着客厅，地面做了硬化处理，铺上了青绿色的石板，特别是在雨后，散发出一种宁静的美。青石板区域也是整个花园初春光照最好的地方，微尘把各种大盆小盆、大罐小罐、高椅矮凳搬过来，组合成美丽的春日小角落，起名为Spring Corner（春之转角）。

花园东区1/3的地方做了6米长的紫藤架，三棵紫藤在三年内覆盖了架子3/4的面积，现在已经可以成功地为藤架下的长桌椅撑起一片阴凉。紫藤架下南侧有一个烧烤台，烧烤台东边的木篱笆墙上挂着投影幕布，西边的防腐木地板就是户外影院的观影区。微尘在这里为两个女儿配置了一大一小两把公主椅。每每天色渐暗时，孩子们便吵嚷着要看电影，看着孩子们陶醉、专注的小眼神，感觉一切努力都是值得的。唯一令人头疼的就是姐妹俩抢频道成了永远无法调和的矛盾。

左页 在月季花架下偷片刻闲，独自在木椅上看一本喜欢的书、品一杯香茗，是何等的放松与惬意

右页 青石板区域也是整个花园初春光照最好的地方，微尘把各种大盆小盆、大罐、小罐、高椅矮凳搬过来，组合成美丽的春日小角落，起名为Spring Corner（春之转角）

拾乐花园 快乐无限

　　这两年微尘一直考虑为孩子们建造一个可玩乐的花园，她确实做到了。她为孩子们建造了一个沙池，沙池边装饰着铁锚、贝壳等海洋元素的小物品，营造出在海边玩沙子的氛围。又将铁艺秋千换成菠萝格材质的秋千，粉刷成灰蓝色，大妙小时候的蹦蹦床也修补好重新发挥了作用。花园书屋里有二曼的书和笔，孩子们放学后不急着进屋，而是径直来到花园里，在紫藤架下写作业，安静地在花园里画画、看书，开心地玩耍。

　　紫藤架以北，做了供孩子们玩乐的沙池和五个一米菜园。菜园主要由微尘的父母来打理，提供全家人一年四季所需的纯天然健康食材。打理菜园也是父母辈的看家本领。自从有了菜园，来自农村的父母不再对城市生活感到不适，他们在菜园里重拾旧日时光，收获各种满足与快乐。在原来劳作能手的基础上，妈妈还学会了使用堆肥箱，学会运用现代的时尚环保理念去打理花园。

　　Hope小屋的前身是工具房、杂物间和狗屋，自从微尘买了一个小型工具房后，就将花园用具和小型杂物转移了出去，然后将工具房的内饰粉刷成浅蓝灰色，稍作布置，这里便成为一个可休闲可工作、可学习亦可会友的多功能杂货小屋。Faith是大妙的英文名，于是心细的微尘

收集了许多带有Faith字样的小物，把它们点缀在小屋里，从此小屋更有了故事感。在细雨连绵或大雪纷飞的日子里，偷片刻闲，独自在小屋里看一本喜欢的书、品一杯香茗，是何等的放松与惬意。

花园北区的植物主要是绣球，健壮地生长在弯弯的小道两边，搭配虎耳草、鸢尾、蛇目菊、枫叶、紫玉兰、狼尾草、紫茉莉、蓝羊茅、粉黛等植物。这里是微尘的植物试验区，也是未来的改造重点。微尘说自己的曼妙花园是一个花友交流和沟通的平台，承载了浓厚的友情。花友聚会、狗友聚会、大妙的同学烧烤聚会、二曼和小朋友的游戏聚会……各式各样的主题聚会不断，父母也会在花园里接待邻居到访，和左邻右舍分享刚采收的时令蔬菜。

一座令人满意的花园不只是花开满园，更重要的是人和环境的相融相处，能够让每个家庭成员在花园中找到属于自己的空间。它既可以是回家后放松身心的所在，又可以是孩子们的童年乐园，全家人的有机食材基地。不停地追求，不断地完善，微尘的曼妙花园正在绽放。

主人说：

是花园，给了我享受亲情的愉悦。听到女儿二曼在花园里用稚嫩的嗓音呼唤小花小草，心里充满了暖暖的喜悦。

是花园，给了我亲近友谊的欣喜。密友、路人在花香满溢的绿意萦绕中，脸上荡漾着灿烂的笑容。

是花园，给了我回忆过往的信物。每一朵小花都是一个故事，每一个小盆都有一段回忆。

是花园，给了我追逐梦想的动力。生活在现实世界里，却不为现实所困扰，是我追寻的梦想。

感谢父母对花园的付出，感谢家人对我动辄改造花园的支持。

微尘的花园打造心得：

1. 打开视野，善于学习。购买或订阅园艺书刊、参加花园游学活动、关注园艺达人的微博，或加入园艺社群，提高学习进步的方法。

2. 花园里一定要设有休息的空间，哪怕只是一张椅子。花园不只是劳作的场所，更是放松休闲的地方。

3. 理智购物。采购植物、杂货、花园家具等要符合自己的花园风格，不要跟风买买买。

4. 花园的构造和植物的选择要因地制宜，实践经验比书本和网络知识更具有参考价值。

左页 每件花园杂货，虽说"无用"，其实也很实用，至少这些"杂七杂八"的东西装点了生活

右页 人和物品的邂逅，与人与人之间的邂逅很相似。拥有一件美物傍身就跟与一个谈得来的人相处一样，自在又舒服

左页上左　一直坚持"颜值控"的园艺路线

左页上右　多肉拼盘于餐桌，秀色可餐

左页下左　随意布置都是烟火气的花园

左页下右　现在花园配套的东西，啊布信手拈来，包括配植，想要什么都能很快找到货源，表达花园的情绪变得容易多了

右页　开一家店，安放自己的喜欢，能影响到一小撮人去热爱园艺，热爱花园生活

爱上花园，影响更多人热爱园艺

园艺专业出身的啊布，在界内闯荡了十多年，设计过的花园小到十几平方米，大到六七百平方米。她的节奏不紧不慢，一直坚持"颜值控"的园艺路线，坚定地认为做园艺没有必要变得越来越"老农"，赏心悦目才是花园的艺术。

如今的她又开启了农场生活。她说："要做的事情太多，但还是希望能够一步步将梦想实现。"为了那座"有烟火气的理想花园"，她也会坚持走园艺的道路，在自己的精神家园里折腾到老。忙碌的啊布不是在自己的农场，就是在别人家的花园。

她深深迷恋着花园杂货。啊布的杂货铺从

起初的30平方米做到了六七百平方米的集合店，十多年前她只做一些盆器，那时候还没有大量的草花供应商，所以草花都得啊布自己播种，再用来搭配盆器。

后来啊布开始考虑能让花园丰富起来的东西。因为盆器累积到一定的量之后，和其他元素的东西相比，比重就显得失调。于是她慢慢去开发其他材质和种类，像铁皮、铸铁、藤质的容器，和家居类的杂物。杂货店也由小变大，由单一的产品变得种类繁多，各种材质各种风格尽有。啊布在全世界范围搜罗各种杂货，每次见到心仪之物，恨不得所有的都搬回来。

啊布的杂货店经营经历了漫长的过程，她是学园艺专业的，其实早在十年前就已经开始做一些花园设计。但那个时候她发现手头边真是想要用什么材料都没有，随后她积累了多年的花园杂货经验，再去表达花园，重新开始做庭院设计。现在花园配套的东西，啊布信手拈来，包括配植，想要什么都能很快找到货源，表达花园的情绪变得容易多了。

啊布一个人同时在做很多事情，问她如果碰到阻力或困难怎么办？她说，"那就告诉自己忘掉那些所有不可能的借口，去坚持那些可能的理由，继续前行，多回过头想一想自己的初心——开一家店，安放自己的喜欢，能影响到一小撮人去热爱园艺，热爱花园生活。"

有味道的花园杂货，让花园变得生动活泼"花园是用来生活的，做好花园仅仅是一个开头。"啊布喜欢生活化、有人情味的花园，希望花园的每一寸都能被利用起来，每个场景都可以被固定，充满生活气息。

造一个花园，啊布比较喜欢用"布置花园"这个说法。她觉得杂货可以给花园增色，花园杂货一定是自己喜欢的，不要硬塞硬填进去。现在越来越多的人喜欢杂货，但一定要选择符合自己花园气质的杂货，别盲目跟风，特别是一些网红产品，千篇一律地出现在花园里只能是给花园减分。花园杂货要选择有品质、有质感的，才能经久耐看。

对于花园杂货的选择，啊布觉得首先是把个人的喜好放在第一位。先了解清楚自己喜欢的风格，再用擅长的手法去表达花园意境。如果说已经做好了花园的风格分类，再去选花园里边的杂货，相对就简单些，目的性也会比较明确，那么你走的花园之路也会比较顺畅。如果你喜欢的风格很多，可以划分区域布置，花园一定要形成自己的标志性风格。花园杂货很难被分门别类，啊布现在的工作方向之一就是根据花园风格把它们给归类。

花园里的杂货要先选定大件，大件定下来，再进行花园分区、划分功能，根据不同的功能区分选择所配套的杂货。大件的杂货基本就是桌、椅、板凳这类，花园不一定就只有一套桌椅，可以规划出不同的休闲区，摆放不同款式的花园桌椅。

花园杂货里的容器也分为不同的材质、造型和风格，要根据花园风格选择比较搭配的材质。从花园的设计阶段，我们可选择的东西有很多，要考虑美观性兼顾实用性。如果仅考虑实用性，而放弃有美感的东西或视觉上的享受，这是不可取的。花园杂货切忌零碎摆放，每件杂货要放对位置，才能发挥出效果，让场景具有层次感。

啊布觉得花园的细节就是全部，一座花园需要时间慢慢去打磨，碰到对的总是比早早安排满的来得惊喜。人看杂货的眼光也会随着时间慢慢改变，而花园则在不断地置入有味道的杂货之后变得生动活泼。啊布相信未来大家肯定会对杂货有新的认知，会越来越明确自己的花园适合怎样的杂货风格，也会经历一个"先加法后减法"的过程。花园杂货的搭配方法千变万化，未来期望有更多美好的花园呈现。

上 有味道的花园杂货，让花园变得生动活泼，"花园是用来生活的，做好花园仅仅是一个开头。"

下 啊布觉得花园的细节就是全部，一座花园需要时间慢慢去打磨，碰到对的总是比早早安排满的来得惊喜

四季更迭，唯美常驻荷园

图一小荷、小风　**文**一小荷

身为一个认真负责任的园丁，除了繁花时期那些精美绝妙的照片留存美好的瞬间，我更想记录踏入花园的每一日。希望通过自己的努力学习与辛勤劳作，无论何季节走进花园都能看到不同的风景。春有百花秋有月，夏有凉风冬有雪，如能每日为花忙，自是人生好时节。

主人：小荷
面积：108平方米
坐标：安徽合肥

每个人的理想生活，多半与童年经历有关。小时候，外公外婆的家就是我的秘密花园，那些大树与鲜花下的春夏秋冬，让我的心里常驻园丁一枚。因此，满身汗水，手粘泥土，创造一个小小的四季美丽的花园，就是我所崇尚的理想生活。虽然曾经一度只能在很有限的窗台上种小盆栽，但关于种植的梦想始终未曾放弃。为了拥有一小片土地，我一直努力工作，直到2016年，我终于拥有了一方小院，如愿以偿地亲手种下自己的梦想。

莫忘初心，始终如一

我的花园起名作荷园，花园里的一切都是从零开始的，全部由自己设计与创意。之前盆栽多年的经验，用于院子地栽并不完全合适，为了造出一方Cottage Garden（乡村花园），在造园的两年多时间里，我坚持追BBC的《园艺世界》栏目，还购置了很多园艺书籍。在花园硬装结束后，植物也经历了一轮又一轮的调整。先前因无法买到成品大苗的烦恼也在两年多以后，随着花草树木的逐渐长大，而烟消云散。我坚持为植株修剪定形，虽然自知离完美尚远，但荷园终于呈现出大致想要的效果。在造园过程中，除了翻土捡石头，甚至租用破拆器械，不论寒风大雨我都坚持种植修剪、上肥施药的时光。现在回头一看，这些重复性的工作全部化作了非常美好的回忆。

对于园丁来说，所有美丽的图片不过只是记录了某个瞬间，而四季皆景，每天步入花园时永远有景可观，才是我的终极目标。虽然在这条道路上，还有很漫长的路要走，但我仍想初步总结一下，给同样热爱园丁生活的读者们分享我的一点感悟。

风格先行，量力而为

花园建设首先要确定风格、用途和色调，并以此敲定硬装方案。花卉种植首先要考虑是否适合当地气候及花园的小环境，如果过于追求特定的品种，可能将导致难以养护，或春夏季以外的季节花园过于荒芜的局面。花园的风格则取决于自愿投入花园打理的时间，比如说我的乡村风格花园里拥有大量的宿根植物，对它们的修剪、支撑、残花修理需要耗费大量精力，每天至少要两个小时的工作量，这并不适用于所有人。

左页 拥有一方小院，如愿以偿地亲手种下自己的梦想，步入园中，红的、粉的、紫的月季争相绽放

右页 满身汗水，手粘泥土，创造一个小小的四季美丽的花园，就是理想生活

植物的搭配要从后及前，由高及低，注意高度落差、层级、颜色和叶形的对比。在土壤改良完毕后，首先种植大型乔木，乔木决定花园的大架构。一般春季观花，秋季赏叶赏果的乔木为最优选择，同时注意根据花园的面积选择乔木类型，并注意按照季节修剪。以大包邮区为例，樱桃、北美海棠、樱花、垂丝海棠、柿子、枫树、玉兰、乌桕、银杏都是不错的选择，听起来都是些比较大众的品种，但作为背景树的优点是很快能长大，且易于控形，少病虫害。

筹划周全，四季有花

乔木下地以后，不要急着种植各种草花。虽然草花看起来一时花团锦簇，但是花季过后就要更换，耗费人力物力不说，到了少花的冬季，院子里就会一片荒芜。那么就需要先定植

左页 灌木和宿根植物的选择范围很广，主要考虑跟四季的搭配，尽量做到四季有花可观

右页 花境的前景要留给季节性草花和球根植物

灌木和宿根植物，预留最前面的小片区域给应季草花和球根植物即可。灌木和宿根植物的选择范围很广，主要考虑跟四季的搭配，尽量做到四季有花可观。比如早春的喷雪花，仲春的杜鹃、矾根、锦带、绣线菊、鸢尾、荷包牡丹，夏季的醉鱼草、紫露草、毛地黄、钓钟柳、绣球、玉簪、蕨类植物、耧斗菜、淫羊藿、千鸟花、萱草，秋季的各类观赏草、菊科、松果菊、蓝莸、野棉花、大吴风草，冬季主要观赏松柏类常绿植物，或彩叶植物和铁筷子。植物可选择的品种很多，这里只做大致的

罗列，有兴趣的朋友可多关注BBC《园艺世界》和《花也》等国内园艺媒体。注意植物的特性，处理好土壤，必须根据植物的喜光性安排种植位置。

花境的前景要留给季节性草花和球根植物，我最为推崇的球根植物为蓝铃花、洋水仙、百合，其他根据个人爱好选择。球根植物多半怕水，千万不能种在黄泥巴里，一定是改良过的土壤。我的私家改良秘籍不过是烧过的炉渣、腐熟鸡粪和木屑等，没有使用太过昂贵的进口土，大家不妨尝试。

左 约上三五好友，享受下午茶时光

右 躺在木椅上，吹着夏天的风

一面墙，一个廊架，一把木椅，一个院子

因地制宜，协调搭配

如果你有一面墙、一个廊架，若非大型院落，慎用紫藤、凌霄。藤本月季、木香、铁线莲、薜荔、厚叶常春藤都是很好的藤本植物选择，但藤本植物需好好地牵引和修剪，否则后期会乱成一团，开花性也会变差。灌木月季特别是欧洲月季，常因拍出来的照片精美而误导经验不足的新手"折腰"，如果没有一个通风采光都特别好的大场子，请慎用。盆栽的微月会更适合小庭院。在选择品种之外，选择颜色也要经过慎重考量，在确定花园的主色调之后，再做安排，切莫冲动添置。我的花园主色调主要以粉色、紫色、蓝色为主，间或搭配白色和黄色。

植物搭配完毕后，就该配置各种杂货衬托植物了。我喜欢在花园里添置几盏风灯、太阳能灯和篝火设备，供夜间玩赏花园用。花园里要设置至少一个休憩场所，哪怕只有两把折叠椅也行。毕竟坐下来品一杯茶，观一朵花，静听四季变化，才是享用花园之道。秋虫唧唧，晨鸟喁啾，大自然的馈赠令人心醉神往。况且坐在花园里边看边思索未来的布局调整和工作，也是一种特别舒解压力的生活方式。

无论拥有一片土地，还是只有20公分宽的窗台，只要你有一天选择了种植这种生活方式，忙碌的双手就会解压疲惫的大脑。一片新芽，一朵落花，粗糙的手掌，被月季划伤的胳膊，由这一切引发的欣喜，只有园丁才能明了。

荷园是我的主要业余时间投入地，花园里的每一帧画面都是脑海里草图的真实呈现，希望它能继续成长，同我一起，每一天每一年……

四时里的荷园景致

早春：观赏各类球根、甘蓝、角堇以及观赏草幼苗组成的低矮花境。

仲/暮春：欣赏各类藤本——木香、藤本月季、铁线莲交织的花海。

夏季：沉醉于绣球步道和各种宿根植物的盛放。

秋季：观赏乔灌木的彩叶、吴风草、野棉花、彩叶草的浓烈。

冬季：欣赏满地铁筷子以及宿根草构建的冬景，还有局部红陶盆与各种松柏类的搭配。

随着前景植物从30厘米到约2米的高低变化，随着乔木从开花到丰满，再到徒留枝干的轮转，荷园的四季鲜明，无论季节如何变化，亲身来到花园或通过图片观赏，都能感受到园丁的一片匠心。

上左 花园里的每一帧画面都是脑海里草图的真实呈现，希望它能继续成长，每一天每一年……

上右 植物搭配完毕后，就该配置各种杂货衬托植物了

下 坐下来品一杯茶，观一朵花，静听四季变化，才是享用花园之道。秋虫唧唧，晨鸟喁啾，大自然的馈赠令人心醉神往

快乐源泉，
小米的杂货花园

图｜小米、小风　文｜小米

主人： 小米
面积： 100 平方米
坐标： 安徽合肥

我的花园体现了两大特点，其一就是承载了我所钟爱的杂货风，那些结合绿植布局穿插摆放的杂货物件映衬着我浪漫的少女心。其二是收入了我钟爱的多肉植物，它们或呆萌可爱，或憨厚敦实，十分讨得我的欢心。出门在外，我总惦记着我的花园，总想早一点回家见到它。我视我的花园为汲取快乐的宝库。

得来这套带着小院的房子纯属偶然，这要从十几年前说起。那时的我还是一个逛街吃甜筒就能开心一整天的傻姑娘，有一天逛街，看到一间门头爬满植物的售楼小门面，鬼使神差地就推门进去了。后来就是我有了现在这套带着小花园的多层小洋房。我的花园打造从此拉开序幕。

花园之路回忆漫漫

如今再回首，对比我未接手时花园原始的样子，和经过我多番折腾后现在的样子，真是有苦有甜，故事满满。

许是受了父亲的影响，我从小就喜欢去野外疯，在那个物资匮乏的年代，采一把小野花比吃一顿肉更能让我开心雀跃。热心的父亲在尚未见到小院子雏形之际，便积极为我设计好了小院的草图，买好了垂丝海棠、素心蜡梅、银薇、竹子、紫玉兰、金银花、金桂……父亲特别喜欢养花，小时候家里的小院种满了他的芍药、樱桃、百合、凌霄、金银花、兰花和各种盆景。我放学回来，搬个方凳去小院的香椿树下，鸟语花香中就完成了一天的作业。

我像拿到老中医方子抓药一般，照着父亲列的植物清单为自己的新花园采购配植。金银花可以算是打理起来最简单的藤性开花植物了，金银花喜阳耐半阴，耐修剪，少病少虫害，新枝开花，所以我只要让其不断地萌发出新枝就可以一年三季有花看，有花香闻。而每年冬天我会修剪掉弱枝、重复枝，再根据株形

保留壮枝并回剪到1/3，这样就可以顺利促发新枝。一般情况下，针对金银花的病虫害顶多也就发发白粉病和蚜虫，只要平时注意喷洒代森锰锌预防，遇到蚜虫用吡虫啉就好。施肥的话没什么讲究，我也只是每年冬天在根部埋点豆饼交差。就这样，当年我养的金银花小苗如今已长成了"大小伙子"。

花园是道逻辑思维题

小花园要做到月月有花并不难，难就难在四季有景。若是将植物看成点，那么由点连成线，再构成面，直到构建出三维立体空间，加上四季流转的时间因素，就非常考验园丁的整体思维能力了。

都说养花必经历3个过程：买买买，挪挪挪，减减减。我的花园园龄10年有余，基本已自成风格体系。我家一共有南北两个小院，南院风格以杂货花园为主，是我一点一滴慢慢收集积淀起来的花园体现。当年栽下的众多植物都已亭亭玉立，有院子的春天多是美好的，任你多小的花园也不例外。每年春归先是铁筷子、角堇和球根植物打头阵，再来是铁线莲、月季，待枫叶舒展完，春季将末，绣球便登场了。'红龙'不耐雨，经常是包着包着就烂了，但是剪下来做插花效果就不同了。金银花的香味浓淡正好，牵起我的思绪，乖巧的小铁向阳而生，配上杂货便不再单调。

若花园面积允许，阳光房是花园必不可缺的配置。赏花总是和喝茶密不可分，我家的阳

右页 小花园要做到月月有花并不难，难就难在四季有景。当年栽下的众多植物都已亭亭玉立，有院子的春天多是美好的，任你多小的花园也不例外

左页 墙面上的杂货，带来满心欢喜

右页 赏花总是和喝茶密不可分，猫在阳光房里泡泡茶，编编珠子，玩玩香，刷刷金刚，盘盘橄榄核，一个悠闲的下午就过去了

光房所处位置刚好东边有遮挡，日照时间短而烈，除了各种柜子、杂货，多以耐阴耐热和需要过冬的植物、茶具为主。

相对南院的饱满阳光，正在养成的北院则以耐阴花镜为主。玉簪是做阴生花镜必不可少的元素，矾根是最适合组盆的耐阴植物。园艺十年，早已不习惯月季的热闹，转而越发欢喜清清爽爽的色调。

四季流转唯初心不改

冬天来了，并不意味着花园景致的落幕。蜡梅花开了，各种层次的柏树、常春藤、观赏草并不会让人感觉到冬季的萧条。这时候的园丁是一年之中节奏最慢的，也是最享受的。通常我总是爱猫在阳光房里泡泡茶，编编珠子，玩玩香。三角梅正开，多肉也收进了屋，泡上一壶小青柑，刷刷金刚，盘盘橄榄核，一个悠闲的下午就过去了。

冬末春初，园丁们又该打起精神忙碌起来，该换盆的换盆，该埋肥的埋肥，该修剪盘枝的，一件也不能少。劳动对于一个园丁来说，除了身体的酸爽，还有思想的放松。一个花境的形成至少需提前3个月在园丁的脑子里就有清晰的蓝图。胸有成竹，手握泥土的那一刻，泥土的清新，草芽的馨香，都是园丁们幸福的源泉。

如果问我这辈子做的最骄傲的一件事是什么？我会不假思索地告诉你：义无反顾地爱上花园，并为它付出就是其中的一件。虽然我的工作性质决定了我需要经常短途出差，但我将闲暇时间全部投给了我的花园，十年如一日地不曾放弃追逐花园生活的脚步。花园非但没成为我这个"上班族"的累赘，反而成为我工作以外的调剂，为我带来绿意，唤来志同道合的朋友。我想我会继续努力让我的花园美下去，也希望天下所有真心以待的园丁们的花园越来越精彩。

Tips

垂丝海棠的养护没有什么技巧，重在控形。垂丝海棠是老枝开花的植物，控形的技巧在于每年春夏抽新枝的时候，记得把新枝回剪至1/3，这样来年的花就会集中在你回剪过的枝条上，整棵树的树形也不再张牙舞爪。

心安之处便是家

图 | 玛格丽特－颜　**文** | 海贼王

花园是一个承载情怀的地方，情怀里有着生活的故事，故事里有春花秋月、酸甜苦辣，也有着峥嵘岁月、平淡如茶。拥有一方花园，是现代人在钢筋水泥森林中的梦想，也是在园林建设行业从业四十载的戚大哥的梦想。

主人：戚先生
坐标：800 平方米
面积：山东威海

生在渔村，长在海边的戚大哥，用半辈子来回报威海这个"三面环海的渔村"。风雨四十载，威海海岸线上一座座地标性建筑在戚大哥的主持建设下拔地而起，公园、灯塔、石林、沙滩，构成一幅壮美的临海画卷。从轰轰烈烈、波澜壮阔的园林岗位退休后，他终于可以去实现心中的梦想——造园，造一个属于他自己的园子。

"不到园林，怎知春色如许？"中国园林是一件艺术品，通过建筑、山水、花木的巧妙组合，呈现出"虽由人作，宛如自天开"的意境。而在中国的古典园林中，苏州园林以古、秀、精、雅，素来享有"江南园林甲天下"的美誉。戚大哥的庭院在进行设计时，借鉴苏式园林的设计手法，通过叠山理水、配置园林建筑的方式达到艺术境地。又因戚大哥在园林行业从业数十载的经历，在栽植花木时更加注重体现自然不做作的园艺情趣。

影与景、明与暗、虚与实，看似随意实则用心的布景，成就了庭院的美感与自然。

淡云流水心安处

房屋外部原有的黄色墙体显得十分死板，然而规划局不允许业主私自改变墙体颜色，只得采用砂岩砖挂贴的方式，弥补建筑外立面改造的遗憾。

入口处的花池内种植造型五针松，采用耐候钢板作为材料制作而成，并在花池边栽植悬崖式的造型盆景，形状潇洒，软化了花池直角处带来的尖锐感。整套花池与大门、四角亭颜色统一，是主人放置盆景的地点之一。廊架上方栽植的日本多花紫藤，春季开花时，如梦如幻，既装点了整个庭院的外墙，也装扮了整个小区的春天。

水景，在园林规划设计中占据了极为重要的地位。水既具有其固有的特性，表现形式丰富多样，也易于与周围的景物呼应成各种关系。前庭被规划为动区，在四角亭旁边营造出高低地势，让轻盈灵动的水倾泻而下，仿若一个微型瀑布，池塘中几条锦鲤活泼灵动，怡然

池塘中几条锦鲤活泼灵动，怡然自得

左页上　在湿润空气的滋养下，人在其中宛如仙境，焕发出别样神采，花园里的花草树木更显青翠欲滴

左页下　门口的汀步两边大面积运用了石岩杜鹃，繁盛的一大丛丝毫不显杂乱，一边正在开，另一边则绿意盎然，有一种"你方开罢我登场"的意味在里头

右页　花园里植物品种十分繁多，错落有序，让人进到花园仿佛身处两个世界。身后是坚硬冰冷的世俗，而身前是梦想中田园牧歌的生活

自得。戚大哥与朋友在四角亭休闲时，既能听到潺潺流水声，也可以透过四角亭的格栅，欣赏到自己收集的盆景和赏石。

四角亭的楹联由中国工程院院士、园林界泰斗孟兆祯老先生为花园题词："天虽大，开一池可鉴；心乃远，集万古方休。"并赠亭名为"骋云亭"。在水体上方设计了雾森系统，用来增加空气湿度，缓解北方夏季的气候干燥问题。在雾森系统的运行过程中，产生大量的负氧离子，能有效杀灭病菌，净化空气，快速净化雾霾和PM2.5；在湿润空气的滋养下，人在其中宛如仙境，焕发出别样神采，花园里的花草树木更显青翠欲滴。

原先的庭院外墙十分低矮，以花岗岩建筑的墙体十分生硬，减少了庭院的私密性。采用绑结的手法将竹子编织成竹篱笆阻挡外部试探的视线，既软化了钢筋水泥带来的坚硬感，又与整个庭院的设计风格浑然一体，颇有一种陶渊明的风范。

此起彼伏景不断

戚大哥的花园里植物品种十分繁多，错落有序，让人进到花园仿佛身处两个世界。身后是坚硬冰冷的世俗，而身前是梦想中田园牧歌的生活。在所有植物入场前，最先开始的工作是换填种植土，以增加土壤肥力，避免植物死亡。然后拟定好大型树木的种植地点，如碧桃、五角枫、榔榆等，再根据整体景观的需要搭配其他植物。

花园中的细节值得推敲。每一棵大树定位时的考究，每一处植物种植时的思量，铺装的变换，光线的运用，以及看似不规则却又十分和谐的板式汀步，都在不经意间闪耀着光辉。门口的汀步两边大面积运用了石岩杜鹃，繁盛的一大丛丝毫不显杂乱，一边正在开，另一边则绿意盎然，有一种"你方开罢我登场"的意味在里头。不同于其他杜鹃，石岩杜鹃是四季常绿的耐寒植物，春夏观花、秋冬观叶。石岩

杜鹃的底部用了镀锌钢板做圈边处理，哪怕时间久了也不用担心植物会侵占细心打造过的路面。花园的汀步也做足了文章，圆石的汀步暗含自然情趣，在路基转换处用长石条做成连接点，每一条路暗含自己的规则，整个花园的层次感跃然而出。

侧庭作为景观步行区域，两边的风景也不简单。路两旁的丰富植物让人流连忘返，各个品种的玉簪、矾根、鸢尾、蓝羊茅、墨西哥羽毛草、马醉木、香雪球、姬小菊组成以观叶类植物为主的花境，一簇颜色鲜艳的小花在这丛绿叶中脱颖而出。在选植物时戚大哥遵从每种植物的习性，这些不耐强光直射的植物在花园里得到了很好的成长空间。

"留白"手法的运用，让每一丛植物的位置都栽得恰到好处。他了解植物，也考虑到植物生长所需要的空间，哪怕当年种下时达不到理想的效果，但戚大哥有足够的耐心去期待这个花境的成长。

左页 "留白"手法的运用，让每一丛植物的位置都栽得恰到好处

右页上 路两旁的丰富植物让人流连忘返，各个品种的玉簪、矾根、鸢尾、蓝羊茅、墨西哥羽毛草、马醉木、香雪球、姬小菊组成以观叶类植物为主的花境，一簇颜色鲜艳的小花在这丛绿叶中脱颖而出

右页下 不追求一丝不苟的庭院，放纵这些小草的生长，保持花园与植物的自然和谐

清幽境地生妙趣

竹篱笆的围墙紧紧围绕着整个花园，像一位忠诚的侍卫帮花园主人阻挡了各路目光，同时也给外界留下足够幻想的风景。在观叶植物的花境上方，种有葡萄、猕猴桃、苹果树等一些果树，旁边一棵红枫正在换上属于夏天的绿装。果子没结，枫叶未红，却已让人联想到了花园秋季的模样。

园路上的杂草、石生花为园路增添了许多野趣，戚大哥并不追求一丝不苟的庭院，他会放纵这些小草的生长，保持花园与植物的自然和谐。在门口向花园深处望去，视线被各种植物拦截，随着园路的蜿蜒曲折，颇有一种"曲径通幽"的意境。向上攀爬的凌霄和木香正在随风摇曳，不出几年，对面的邻居也会爱上这面植物墙。

在园路的拐角、篱笆的衔接处，运用大棵

的玉簪、造型别致的盆景、日本扁柏，使园子中生硬、尖锐、凌厉的拐角全部消失不见了，让身处园中的人感觉如春风拂面般舒适。后庭是整个庭院的静区，以休闲娱乐为主要功能，这里与戚大哥的代表作之一——悦海公园灯塔遥遥相望。悦海公园于2007年建造完工，先后获得"2008年度山东人居环境范例奖""景观项目优秀奖"等奖项。建园之初，戚大哥借助悦海公园已有的景致，通过借景的方式让后庭的景观效果更具有层次感。

当年修建悦海公园时，戚大哥选择乌桕树作为行道树。有人说，如果把树木比作人类，那么乌桕便是风华绝代的佳人。春夏时节，乌桕肆意的枝蔓变成了戚大哥花园的背景，与满墙的欧洲月季交相互映，浪漫与英气、柔软与坚硬构成花园中最美的基调。入秋后的乌桕树，叶片如彩霞般绚丽多姿，又是花园的另一番背景色。

左页 四角亭的楹联由中国工程院院士、园林界泰斗孟兆祯老先生为花园题词："天虽大，开一池可鉴；心乃远，集万古方休。"并赠亭名为"骋云亭"

右页 向上攀爬的凌霄和木香正在随风摇曳，不出几年，对面的邻居也会爱上这面植物墙

"栽来小树连盆活，缩得群峰入座青。"盆景之美，美在缩龙成寸，小中见大

竹影婆娑话家常

从古到今，竹子以其独特的身姿在中式庭院中彰显其特别而重要的角色。"以竹造园，竹因园而茂，园因竹而胜；以竹为景，竹因景而活，园因竹而显"。因此后庭大量运用竹子元素进行植物配置，搭配石灯笼、五针松、假山石等植物，既与户外院墙保持一致，也营造出一种雅致古朴的美。在假山石的后侧栽植樱花作为背景烘托，周边缀以大花葱、柳叶白菀、大滨菊、山楂、绣球等植物作为前置衬托，形成了一处层次分明、静中有动的园林景观。这样以山石为主、植物为辅的配置方式错落有致，层次饱满，具有多重观赏价值。

园林大家陈从周先生曾说："栽来小树连盆活，缩得群峰入座青。"盆景之美，美在缩龙成寸，小中见大。戚大哥爱好盆景，但在私家花园中如何将盆景融入景观起到相得益彰的

效果，则是值得深思熟虑的一项工作。戚大哥在布置时采用借景的手法，借用植物、太湖石、水系的景来衬托其珍贵的盆景。移步户外休闲会客区，这里的配置一应俱全，室外沙发、休闲座椅、烧烤区、摇椅等如同将客厅搬至天幕之下。在这里，面朝大海、静静倾听花开和海浪的声音，与盆景相伴、品一杯香茗，这个空间足够静谧，让人可以与好友、内心和自然对话。墙边的欧洲月季将水池衬托得格外美丽，花境里种植了各式香草植物，与朋友闲谈之余可随手采集叶片在此洗净、冲泡饮用。

在一片四季光线皆足的区域，戚大哥试种了洒金珊瑚，并营造出适应的小环境让其可以安全过冬。对面用长条石圈出一小块区域，加高土层，为年过耄耋的母亲设计小型菜园，茄子、生菜和香椿树足够老人回味自己曾走过的峥嵘岁月，而我们亦可将自己的余生托付给花园，安放心灵，相互滋养，得到宽慰。

永无止境
猫猫的花园折腾记

图文 | 猫猫

主人：猫猫
面积：150平方米
坐标：山东威海

好像每一个爱花的人，心里都有一颗种子。不知道从
什么时候起，它就在你的心里偷偷地种下。也许是
小时候身边人的耳濡目染，也许是一次不经意的邂逅，
也许就是与生俱来的，然后突然有一天萌发出来。

左页 我家的藤本月季大都是老品种，几年下来，都长成巨大苗，也舍不得淘汰更新了

右页 如何好好利用花园，享受花园，成为改造花园的重心

山里的童年，播下养花的种子

我家的老宅，在山脚下，出了门，穿过村里的果园，上面就是绵延不绝的大山了。童年的我，春天上山采摘碧绿鲜嫩的山苜楂，去村里的田间地头挖荠菜、野蒜、野菜；夏天进山采野草莓；秋天山沟里摘山枣。每年中秋节，山里大片大片的野菊花开了，我会去采回来晒干，收集起来，做野菊花枕头。

记忆中，我是我们家姐妹中最喜欢花的人，妈妈从邻居家讨要回来的花苗，都是我在照顾。我把父亲堆在厢房里的长木板搬出来，在院子里的一个角落，用砖头垫起来，一层一层地搭成花架，然后把家里所有的花儿都整齐有序地摆放上去。后来出门求学，离开了家，再也没养过花儿了。直到自己成家有了自己的房子，又开始零零碎碎地养一些盆花、绿植。

机缘巧合，在我刚刚萌发花园梦的时候，我居然有了一套带大院子的房子。

从此，一入"花坑"不回头！

记忆中的植物，都种了个遍

有了花园后，我把自己记忆中的花草植物都种了一遍。大丽花（我们当地叫它地瓜花）、美人蕉、各种瓜果蔬菜，都一一尝试。然后知道了小白菜、小油菜这些叶菜是肉虫子们的最爱，小香菜也是会生蚜虫的；丝瓜、黄瓜的叶子上则容易长白粉，大丽花更是白粉精，而且大丽花的块根如果冬天储存不好，就会干瘪烂掉。美人蕉倒是漂亮，但是也抵不过海边的大风，一场大风过后全部倒伏，冬天根茎也要单独贮藏。而我最喜欢的竹子，后院种下的第一丛植物，虽然做了根系隔离处理，也在两年后看到越过高出地面的隔离带，可怕的根鞭四处纵横。不得不赶在它们泛滥成灾之前，果断清理干净！

因为对泥土的热爱，寸土寸金的花园，我都没舍得硬化。除了最早的时候因为不懂而硬化的藤架，其他的地方全部都是沙土夯实直接铺的，连花园的小路，都是这样施工的。总想

着，万一哪天不喜欢了，揭开砖头，立马就可以挖坑种花了。而且对于相对干旱的北方来说，多留一些可以雨水渗透的地方，可以让花园的土壤储存更多的水分，而不是从地面直接流失。

藤本月季和绣球，半壁江山

我的院子是小高层的一楼东边户，因此就有了南、东、北3个不同方位的种植区域。采光好的南面和东面，可以种植任何喜阳的植物，北面则可以安置耐阴的植物。因为原来开发商做的院子围栏很矮，城管又不允许加高围栏，院子的私密性太差，无奈之下，只能围栏一圈种了藤本月季，权做篱笆。因为从小就对绣球花情有独钟，特别喜欢成片的绣球，后院耐阴的区域被我全部种了绣球。藤本月季和绣球，各分花园半壁江山。

刚开始做花园的时候，对花园没有太多的规划。为了种上自己喜欢的爬藤植物，也为了成为花园和外面的一个视觉屏障，在花园东南角做了一个防腐木藤架，四周分别种上了紫藤、凌霄和白木香。北方的花园花草长势不像南方，一年有充沛

左页 摆上喜欢的桌椅，墙壁上挂上喜欢的装饰杂货，楼梯摆上喜欢的松柏绿植，又一处温暖舒适的室外休闲区诞生了

右页上 花期的时候，几乎每个周末，都会和好朋友们在这里品咖啡、喝茶、谈天聚会

右页下 花园很少打药，植物也是优胜劣汰，选择皮实好养的品种

的雨水和超长的生长期。我的5米长的藤架，如今七年了，还仅仅是爬了4个角。利用植物遮阳的目的迟迟不能达到，于是每年夏天的时候，就在藤架上铺上好看的遮阳布，我的花园聚会活动，也集中在这个区域。花期的时候，几乎每个周末，都会和好朋友们在这里品咖啡、喝茶、谈天聚会。

以人为本，改造花园

随着花园日渐丰满，花园聚会活动的增多，忽然发现，花园里可以小坐谈天的地方太少了。我的花园从最初的以植物为本，开始转移到以人为本。花园，应该是主人生活的延伸，而不是让我们成为花的奴隶。如何好好利用花园，享受花园，开始慢慢成为我改造花园的重心。于是在藤架下增加了一个防腐木秋千椅；在花园里最背风向阳的位置，做了一个超大的铁艺拱架，下面铺上防腐木地台，原来开发商的干挂理石墙面，也钉上了防腐木。花园最温暖的位置，做成了一个避风港湾。每年冬天，都会把那些盆栽移到这里，温暖越冬。这里也是我很重要的工作区，早春的时候，我会在这里晒着暖阳，给花草换盆。偶有闲暇的时候，还会一个人在这里发发呆，看看书。因为向阳温暖，这里也是花园的流浪猫们最喜欢待的地方。

因为花园里缺少可以室外避雨的地方，2018年的时候，我把室内通向花园的室外平台做了改造，上面装了雨棚，地面和墙面全部用防腐木铺装改造好，用温暖的原木色，替代了原来冷冰冰的石板。摆上喜欢的桌椅，墙壁上挂上喜欢的装饰杂货，种下的风车茉莉慢慢爬上墙面，楼梯摆上喜欢的松柏绿植，又一处温暖舒适的室外休闲区诞生了。今年我还把之前的避风港上的塑料雨布换成了双层玻璃顶板。这样花园里就有了两处可以遮风避雨的空间，终于可以实现在花园里听雨的梦想。来客人的时候也不用再担心下雨无处可躲了。

摆弄花园的时间越久，越觉得花园休闲区的重要。现在每次有朋友咨询我如何规划花园的时候，我总是让他们先在花园最好的位置，设计打造一处可以供家人和朋友休闲娱乐的区域，然后再去选择植物的搭配。

佛系养花，无关贵贱

花园植物的养护，经过多年的实践摸索，我尽量选择低维护的植物。我的花园很少打药，植物也是优胜劣汰，选择皮实好养的品种。因为养花的时间早，当时市场上并没有太多月季和绣球品种可以选择，所以我家的藤本月季大都是老品种，几年下来，都长成巨大苗，也舍不得淘汰更新了。'粉龙''粉达''安吉拉''藤本樱霞'表现都不错，除了冬天修剪牵引施肥，其他季节几乎不用管。一棵蓝色'阴雨'是两年前新增的品种，表现也非常好。绣球也都是老品种，当地的土绣球和园林绿化品种。还好我不是品种控，养花也很佛系，不在乎品种贵贱，只要开花，都是"好孩子"！

早期花园的藤本月季和绣球各自半壁江山的组合，让目前的花园显现出来诸多的劣势。花期的时候，花团锦簇，是其他花园没法比的绚烂。但是花期过后，花园的观赏性就大大降低。夏季的花园，藤本月季枝条张牙舞爪，怎一个乱字了得！而且藤本月季数量多，冬天的修剪牵引工作量巨大，想想都头皮发麻。随着年龄的增长，越来越喜欢清爽的东西，花园如何改造，植物如何重新搭配，是我一直都在思考的问题。

绣球也都是老品种，当地的土绣球和园林绿化品种。花园从最初的以
植物为本，开始转移到以人为本。作者不是品种控，养花也很佛系，
不在乎品种贵贱，只要开花，都是"好孩子"

在原生态的花园里
养花种菜聚会

图文 | 玛格丽特－颜

主人：张莹
面积：600 平方米
坐标：山东威海

张姐的花园和设计无关，
幸运的是威海有一群爱花的朋友，相互经常串
门，跟着买，跟着瞎种，正因为这样，花园反
而有了独特的质朴。

有这个院子是2010年，当时就一心想着种菜，2014年的时候，在我的好朋友海燕家认识了玫瑰花园主人堂前燕，从那时起逐步踏上了花园之路。刚开始什么也不懂，也不知道还要规划，还分什么品种之类的，更没有思路，就是瞎种，别人买什么我都跟着买，买了就乱种。现在回想就觉得傻傻的，应该是2016年去了东京的玫瑰花展，2017年叶子组织的上海花园参观之后才有点花园的概念，对院子也做了一部分调整，因为工作的原因很忙也经常出差，花园一直没正儿八经的好好规划打造。我现在的花园没有满意的地方，处处都有缺憾！要说喜欢也就是老灶台小房子了，喜欢怀旧的感觉，另外那个凉亭我

左页 通往花园的小路
右页上 铁质的拱门上长满鲜花
右页下 零星开花的绣球

也比较喜欢，朋友来了坐在里面喝茶，聊天很舒服。

我想要的花园是整洁有序，搭配不乱有层次感，花园是应该要有各种有代表性的小景观，植物搭配合理，一年四季有不同的景象。

养花使我快乐、幸福，尽管不懂但我喜欢并为之着迷，因为它们让我更依恋家甚至不愿意上班了，打理花园即使累但也快乐！

我经常看书与花友们交流学习一些基本知识，养花变得很有趣，了解了植物花草的习性，顺应季节，管理上心，它们就会回报你一片灿烂，让园主人很有成就感！

左页　墙面上的各种杂货小装饰
右页　院中的铁艺椅子、容器中的花园，还有狗狗们最爱的平地

忘忧岛花园记事

图文丨侃侃

每天早上，我都会打开小篱笆，当花香和笑语一起流淌进房间的时候，我就知道，又有新的朋友来访我的忘忧岛花园了。

主人：侃侃
面积：200平方米
坐标：河南郑州

立夏过后，我的身体总在清晨早早醒来。

有那么一次，凌晨四点睡意蒙眬中，我脑海中一个激灵，竟想去花园看看我的花儿们醒了没。随即，想到川端康成的"凌晨四点钟，看海棠花未眠"，一时间对自己的行为觉得好笑又好气。许多花在夜间不眠，我拿人的生物钟做比，实在是有些"痴"了。

花园，是生活的一首赞美诗

今年已经是花园的第六个年头。每当我烦恼不开心，就算只是修剪花草、浇水发呆，也能分分钟满血复活，又充满无限能量。所以，我坚信花草真的有治愈功能，也越来越愿意招待那些远途而来的客人。希望和更多人分享花园带来的美好，想用这份美丽和生命力，感染更多匆匆忙忙的都市人。

随着夏日的到来，"慕花"来访忘忧岛花园的客人们也越来越多。有想要定格友情和美丽的年轻小姑娘们；有对自然充满好奇，天真烂漫的孩子们；有热爱花花草草、附近小区的叔叔阿姨们；也有偶然路过被探出头的花朵吸引的路人们……更有可爱的动物大军，比如迷路到这里，偷偷给植物"施肥"的野猫；误入"黏虫板"，等待解救的壁虎；以及偷偷亲吻花朵的蜜蜂，专治蚜虫各种不服的七星瓢虫……看它们被自然包围，由衷地赞美花朵、赞美植物，看它们露出放松和惬意的神情，我有一种前所未有的满足感。

花园，是和家人的美好记录

春末夏初，花园的焦点是芝樱小路。

这条渐变色的碎花路是我为女儿小酒窝打造的，一共16块汀步石，五个品种的芝樱。当花径初长成时，我带她来看，她小心翼翼地踩在上面，说"开花小路好漂亮啊，谢谢妈妈。"

女儿在花园的浸润下渐渐长大，芝樱小路也愈发茂盛起来。当她穿着公主裙蹦蹦跳跳地跑过时，我都会感慨当初自己要送孩子童话小路的"豪言壮语"也算是兑现了。

如果说芝樱小路承载着我对女儿的爱，那

随着夏日的到来，"慕花"来访忘忧岛花园的客人们也越来越多。有想要定格友情和美丽的年轻小姑娘们；有对自然充满好奇，天真烂漫的孩子们

整个花园和工作室应该说承载着先生对我身体力行的支持。

首先，工作室和花园的指示路牌是先生自告奋勇揽去的活儿。他拆掉了一个在户外风吹雨打几年的破抽屉，用拆解下来的碎木板做了路标牌、临街挂牌以及小木屋的牌子，还手工做了一个纯天然的木栅栏，手艺相当精湛。

除此之外，西花园的枕木小道也是与他一起铺的；小木屋区域的粉刷翻新、日常浇水、翻土、撒播花种等工作他也全程陪同；儿童活动区计划正待完成的生态鱼池，他也冲在前面当仁不让……更别提几年前两次花园搬迁，都是他劳心劳力。

不过，我发现"先生"是一种需要时不时安抚的生物。有一天，他自告奋勇包揽了花园后院的一块地，翻土、捡垃圾、改土、浇水、播种，每过一会儿就跑来喊我去看。

"亲爱的！快看看我弄得咋样！"

"这会儿在忙啥，你看我弄得是不是还行？"……

对此，我的回答自然是："简直是完美！太好看了！你受到了我艺术的熏陶！"

花园，助我实现新的双面身份

我爱园艺，也热爱花艺。所以，一面花艺师，一面园丁，是我赋予自己的双重身份。

比起很多花艺师，自己最幸运的一点是：有一座可以实现切花自由的花园，可以用亲手种植的花来表达想要的作品主题。我会从花艺作品中汲取建造花园的灵感，也会通过花园注入花艺作品"自由"的生命力。

比如，一款我设计的黄色系烛台桌花，名叫"忘忧岛花园的春天"。它的创作灵感正是源于某日我忙活完花园，惊喜地发现缩脖子的黄色郁金香、最早开花的黄色鸢尾、开出一串

左页 春末夏初，花园的焦点是芝樱小路。这条渐变色的碎花路是我为女儿小酒窝打造的，一共16块汀步石，五个品种的芝樱

右页 有一座可以实现切花自由的花园，可以用亲手种植的花来表达想要的作品主题

左页 绣球花、鼠尾草、月季、容器花园都井然有序的在花园盛放

右页 一天的花园工作后，伴着晚风和西沉的晚阳，用花园中修剪出来的花材完成花艺作品，那感觉别提多美了

串黄花的羽衣甘蓝、花苞密密匝匝的素馨、代表北方春天的黄色迎春、白色花韭、褪色的铁筷子……

还有两款单面观桌花和渐变色瀑布桌花。灵感分别源于花园的主色调以及花园的芝樱小路，主花材都是从花园中采摘的。一天的花园工作后，伴着晚风和西沉的晚阳，用花园中修剪出来的花材完成花艺作品，那感觉别提多美了。

"新鲜采摘的花朵是有灵魂的。我坚信，只有如此，收到花的人才能感受到这份属于自然的爱和馈赠。"

6月已至，小朋友说，荷花不知道自己就是夏天。

但我想说，岂止是夏天，整个四季都"种"在我的花园里。

大自然的生命随时都在蓄势待发，它们吸收阳光，努力生存，向来如此。而人生和植物一样，在等待着每一个可以绽放的季节，我们都要加油才行。

关于忘忧园：

忘忧园位于郑州市区内的一层民宅，呈"L形"结构，分南花园和西花园两部分。南花园长约13米、宽4米，属于全日照环境；西花园长约17米、宽7米，由于有四棵大树覆盖，分为半日照和全阴区域。这两部分花园加上部分不规则的收纳空间，花园总面积约200平方米。

花园设计之初主要考虑为女儿提供一个户外的成长环境，让她有更多机会接触植物，关爱自然，因此花园倾向于自然野趣风格。紧邻花园的一楼室内区域（145平方米）是我的花艺工作室，我曾在阿联酋皇室工作过，这段经历让我耳濡目染了皇家园艺及花艺的精髓，也为我在园艺和花艺领域的学习探索埋下了种子。在花园设计时，我会将花艺设计中所涉及的空间结构及色彩搭配运用到花园。与此同时，随着花园植物的生长，它们也会给我的花艺设计带来灵感，并为作品提供花材。

Tips

造园备忘录：

1、忘忧园的土壤是经过改良的，除了局部穴改，还在园土中加入了椰糠、粗椰壳、泥炭、多种颗粒土和有机肥。

2、因考虑花园整体设计风格，地面铺装及建筑小品运用极少。仅采用37块汀步石代替较宽的人行步道来让人们放慢脚步，欣赏美景。

3、两块由马蹄石组成的方形平台（约13平方米）和圆形平台（约5平方米）区域，给大家提供小憩的空间及园丁日常维养使用。

4、南花园和西花园各留有一处取水口，各自配备一套水车和自动灌溉系统，用于日常养护。

5、整个小区地势较高，地下为停车场且与临街城市道路有近2米落差，土壤排水性尚可，因此在设计之初未建排水系统。即使在每年4~5月份雨水较多的季节，雨水渗透极快未有积涝现象。

整个花园未采用电力照明设备，只采用几处低矮的太阳能地插灯，隐藏在植物丛中来营造夜晚氛围。

左页 新鲜采摘的花朵是有灵魂的。收到花的人能感受到这份属于自然的爱和馈赠。

右页 整个四季都"种"在花园里

择林而居，
与自然和平相处

图文｜夕阳

我的花园可能跟大多数人的花园有些不同，它坐落在异国他乡的土地上，生长着适宜当地气候的本地植物。花园的面积在人口稀少的国家就是一个不太敏感的数字，人在开垦和享用花园的过程中要考虑附近栖息的动物，大方些，因为人和花园一样是大自然的一部分，分享同一个家园。

上 用鲜花装点餐桌

下 从小就与各种植物打交道，在阴差阳错的来到荷兰后就像老鼠掉进了米缸，开始了和绿色的深入接触

主人：夕阳
面积：4000 平方米
坐标：荷兰乌特勒支

面对着窗外一片绿色，笔下却不知道该如何开始。说起对于植物的喜爱，似乎缘于上辈人传给我的基因，命里注定不可缺少这样的颜色。从小就与各种植物打交道的我，在阴差阳错的来到荷兰后就像老鼠掉进了米缸，开始了和绿色的深入接触。

与树比邻

住在这里原因很简单，我迷树，迷恋大树。所以因工作原因必须搬家的时候，我特地择"林"而居，选择了荷兰中部地区的这片"绿肺"作为我窗外的风景。在这片林区里散落着几个村落，我们所住的村就是其中一个。虽然是先有森林后有的村子，但是当地政府为了保护林区生态不被破坏，对树木制定了详细的保护法规。即便林区里有了村落，但是树的数量依然很多，并且有些区域会一直作为林区不可再被开发使用。

说到我家的房子，前房主是一对90多岁的老人，已经完全没有能力打理庭院了。在刚接手的时候，除了两片草坪干净整齐外，其他区域都是杂草丛生。而且，鱼与熊掌难以兼得，在我的"大树"情结得以满足之后，也必须接受院子的两个缺点。一个是树木长得过于繁密，导致整体环境缺少阳光；另外一个就是很多地块下面大树的根盘根错节，想刨坑种花得看哪里挖得动才能下手。

维持原貌

　　自从搬到这里，我就盘算着要对花园做些改变。从整体构思上讲，我希望保持森林的原貌，本着"不为难自己，不折腾花草，顺应环境，因地制宜"的原则来开始我的花园改造。尽力做到森林与花园和谐统一，水乳交融。

　　首先，我将园中原先留下的半死不活的喜阳植物送去朋友家接受更好的滋养，再把喜阴植物请进来填补原来的杂草区。所以我的花园里没有花团锦簇，只有郁郁葱葱，这也只是为了最大限度地保持林地的原生态。

　　其次，我又增加了部分观叶植物，旨在让整个区域看上去更有层次感。同时，我也有意减少兔子和鹿喜欢吃的植物，以免它们频繁光顾我的花园（在这儿，人是惹不起动物的，森林是动物们的家园）。

左页　保持森林的原貌，本着"不为难自己，不折腾花草，顺应环境，因地制宜"的原则来开始花园改造

右页　侧花园是水景区，此处原有一小片草坪，由于林中缺水色，被改造成一个池塘。池中不仅寄生着水生植物和鱼，这里也是小鸟、松鼠、灰鹭和狐狸喝水、洗澡、偷食儿的地方

功能区划

　　院落占地约4000平方米，分为前园（试验种植区）、侧园（水景休闲区）和后园（派对区）三个部分。前园除了林木就是大片的高山杜鹃，目前仍在慢慢修整中，我从事植物出口行业，前园作为我的植物新品试种区也便利了我的事业。我特意找人砍掉那些道格拉斯冷杉的底部树枝，既流通了空气，又增加了光照。

　　侧花园是水景区，此处原有一小片草坪，由于林中缺水色，被我改造成一个池塘。池中不仅寄生着水生植物和我的鱼，这里也是小鸟、松鼠、灰鹭和狐狸喝水、洗澡、偷食儿的地方。对于来我家的不速之客，我的态度是和谐相处，资源共享，因为我们都是大自然的一部分。我得空儿就坐在水池边的长椅上发呆、数鱼、喝茶，这就是我想要的静好岁月。而靠近房子的圆桌，则是我和家人晒太阳，吃饭的地方。偶尔森林里也有着难得的阳光灿烂。

　　后花园是个祸福相依的后园，有一年的14级大风刮断了四棵大树，令人心疼，但是我也因祸得福有了块空白区域，才修建了现在这

左页上左　花园里没有花团锦簇，只有郁郁葱葱，这也只是为了最大限度地保持林地的原生态

左页上右　从来不打药的院子里到处都是鸟，没事的时候捉捉蜗牛鼻涕虫还真是解压得很呢

左页下　小阳光房是为蔬菜种植做的准备，毕竟有肉有菜，荤素搭配才是营养均衡的标准

右页　潺潺流水，满园郁金香，让合适的植物生长在适合的环境里，人与自然和平共存，真好

处木棚。从此风雨无阻的BBQ（烧烤）不再是梦，也为更高水准的铁锅炖鱼奠定了基础。小阳光房是为蔬菜种植做的准备，毕竟有肉有菜，荤素搭配才是营养均衡的标准。

森林花园

森林里的花园之路是没有必要做硬装的，我只是将树枝粉碎后铺在路上，以保持林地的原生状态。园中的植物以松柏杉这类高大的乔木为主，整个村里的树林都是在第一次世界大战前后种植的，所以有很多近百年的大树，还有很多高山杜鹃，有些高大的品种已经有5、6米高了，它们最喜欢和松柏杉一起生长。黄杨、冬青、茵芋、马醉木、花叶青木、十大功劳、金缕梅、玉兰、木绣球、烟树等成为次高的灌木，这里还是蕨类和玉簪的天堂，老鹳草、绣球、欧石南、牛舌草、板凳果、筋骨草、蔓长春、淫羊藿、矾根等也表现良好。而我最爱的地被植物是本地特有的一种苔藓——星星苔，最适宜在松林里生长。

花园做了整体自动浇灌系统，虽用得不多，但是出远门时就不再有后顾之忧。两个大雨水罐收集的雨水也是为了浇花，堆肥坑和堆肥桶也得到了充分利用，从来不打药的院子里到处都是鸟，而我，没事的时候捉捉蜗牛鼻涕虫还真是解压得很呢。

花园有了开始，就不会结束，让合适的植物生长在适合的环境里，人与自然和平共存，真好。

了了，变身花园美丽主角

图文 | 了了

主人：了了
面积：270 平方米
坐标：陕西西安

从小就有一个花园梦的我，经常幻想着绵绵细
雨从梦中醒来，掀开窗纱，便能看见雨后清晨，
繁花爬满篱笆，花香盈袖，蝶舞成群……

左页 那时总在国外电影里看到私家花园的场景，孩子透过卧室的大窗子眺望自家花园惬意的样子，很是羡慕

右页 把日子过成诗，让自己美成画，让家人乐在其中

也许是小时候家里房子太小的缘故，记得直到上初中，我才拥有一间自己的小房间。那时总在国外电影里看到私家花园的场景，孩子透过卧室的大窗子眺望自家花园惬意的样子，我很是羡慕。就是从那时候起，我就幻想着自己有一天也能拥有一个独立明媚的房间，和一个四季灿烂的花园。

给自己定一个小目标

于是，我给自己定下人生的目标——把家打造成世外桃源，让每一处花草都能相映成景。即使是在看照片，隔着屏幕也能闻到院中的花香，满满的精致感，让人赏心悦目。我要把日子过成诗，让自己美成画，让家人乐在其中。

2013年，我搬了新家，房子前后有两个花园，加起来共计270平方米。终于有机会大展拳脚的我前前后后参考过很多图片，首先要对造花园有一个初步大概的想法。大多数花友都喜欢亲自造园，但是可能很多人对自己的花园并不十分满意，或许还进行过一两次，甚至无数次的调整和改造，仍得不到满意的结果。大家不知道该如何去做。其实，建花园是一项很难的工作，看似门槛不高，实则专业性非常强。所以我舍弃了自己造园的想法，在我看

上　一面是静谧的铁线莲园，一面是热闹的月季花海

下　把家打造成世外桃源，让每一处花草都能相映成景

砖头堆砌的水景，观赏又实用

来，专业的事情要由专业的人来做。我在众多设计公司中慎重地挑选了一家，为自己的花园做前期设计和后期的施工。

漂亮的花园，不只要有好看的花，还要能坐在客厅里，拉开窗帘，推开阳台门，或从院外经过，无论各个角度都能有好的风景。花园的合理分区、种植的层次感，最关键的是要始终保持漂亮的水准，这也是我一定要找专业的设计师做设计的原因。事实证明，有了专业花园设计师的加持，我的花园在打造中几乎没有走弯路，直到现在，花园依然保持着最初的模样，越来越美。

花园计划分步走

在花园设计最初的沟通阶段，我提出的首要要求是得有一块大的草坪，目之所及，就像心中的一大片草原，然后周围有繁花点缀。然而我的花园有个天生的弊端，那就是有4个门。这是因为它原本是由两套房子的两个花园打通合并起来的，小区的物业不让取消对外的

花园门，造成花园看起来有点像客厅开了很多门的户型。幸好设计师巧妙地弱化了多余的门的存在，在主大门的入口处做了一个弧形的白色防腐木廊架，上面设计了爬藤的木香花，这样可以部分遮挡院门外的视线，让花园多点私密性。在另外一个花园的门口，设计师做了三个与门呈45°角的墙，高低宽窄各不同，形成花池，在里面种满绣球'无尽夏'和爬藤本月季季。就这样墙上爬满月季花，池子里开满'无尽夏'，门口一下子繁花锦簇。门口的小路先向右倾斜再弯折回来，视觉上加大了草坪的面积，也营造出曲径通幽的感觉。自动浇灌设备及各种景观灯也被合理地设计进去，我的花园日渐完备，同时具备方便实用和美观大方。这都要归功于有了专业的设计，我的花园在建设过程中才未遇到难题，很顺利地落成并按事先规划好的品种完成栽种。第一年花园就做到各个品种有序开放，基本每个季节有花开。

建造花园自然少不了买花买植物。我对

于买花的痴迷就像女人买衣服，永远觉得少那么几件。我家附近就有一个挺大的花市，一有时间我就跑去看花。不同的月份会有不同的花上市，遇到好看的喜欢的就毫不犹豫地买下来，因此家里的花向来都是回到家以后再考虑要种在哪里合适。我任性地把喜欢的花全搬回家，花园里的喷泉区常被当做备栽区，很多花在那里排队等候入园。我一直坚持花园四季有花的原则，由于买的花太多，有些花等不及它们第二年开放，不开时在那里又会很难看，露着土，为了避免这种情况，我采取轮种的方式，每一种花开过我便换成另外一种，应着季节改变品种。所以说，我的花园打理起来任务还是蛮繁重的，但正因如此，也给了我更多陪伴家人的时间。每当家里添置新的花，姐姐和妈妈便会过来帮我一起栽种。经常有朋友会问："那么大的花园打理起来多累啊？"我也只是笑笑，因为他们不会明白做园丁的感受，我们累并快乐着，那是一个享受梦想实现的过程。

　　除了种花，自然少不了可爱的花园杂货，我常乐此不疲地在网上淘杂货。从斑驳的木桌子到铁艺椅子，再到各种小装

左页 家里到处摆满了各种可爱的兔子，就像那句话说的：你若爱，生活哪里都可爱

右页 漂亮的花园，不只要有好看的花，还要能坐在客厅里，拉开窗帘，推开阳台门，或从院外经过，无论各个角度都能有好的风景

饰，因为有了它们，我的花园变得更有温度，更加温柔可人。我喜欢ZAKKA风的小鸟笼、各式花器、小摆件、风灯、烛台，以及各种动物造型的摆件和铁艺制品。以我的经验，买杂货的时候还要考虑到日后风吹雨淋的因素，有些摆件经过一夏天的风吹日晒后就变得面目全非，不适合摆在户外。我是"兔子控"，家里到处摆满了各种可爱的兔子，就像那句话说的："你若爱，生活哪里都可爱。"

用养育花草的热情来照顾家人，照顾自己，对待生活

花园的恩赐

拜花园所赐，我又学习了很多特长。小时候学过二胡，会拉小提琴，有一定的音乐理论基础，学起乐器类上手还是比较快的。于是我相继学习了古筝、茶艺，研习写字、画画，偶尔做做手工，我想让自己慢慢变成花园里美丽的女主角。自从有了花园，我就以一颗呵护花草之心对待周围的人和事物，善待花草，善待身边的每一个人。

总有朋友羡慕地表示："你好似每天过得都跟神仙一样，从来不曾有烦恼和忧伤。"是的，只有"花痴"才知道，美丽的背后有我艰辛的付出，双手常常伤痕累累，但我依然快乐，愿意为此付出，根本没有时间忧伤。园艺更多的魅力在于背后不为外人所见，日复一日

的劳作所传递的正能量，因分享园艺生活而感知到的快乐，与泥土打交道的每一个芬芳的年华，在我看来都是对生命最美的不辜负。

我经常会在花园里吃早餐，有了花园的美景做陪衬，我照顾起家人更加用心。我会细心地把煎蛋一小块一小块做成心的形状，把每盘菜摆出精致的造型，端出热气腾腾的豆浆，和挚爱的家人享用清晨美好的晨光。我要用养育花草的热情来照顾家人，照顾自己，对待生活。经常会有花友来拜访我的花园，让我感到自己的付出被认可，我为我的花园而感到自豪，也喜欢与大家一起分享花园的美好点滴。我的花园在2018年辛勤园丁平台举办的第四届《2018》中国园丁奖中获花园组第一名，谢谢花友们给予我的鼓励和支持。为了接待更多来自天南地北的花友，将园艺的能量带给更多

从斑驳的木桌子到铁艺椅子，再到各种小装饰，因为有了它们，花园变得更有温度，更加温柔可人

人，今年我开始筹建新的能对外开放的"了了的花园"，希望带给大家更多的期待与惊喜。

花园新起点

新的"了了的花园"基于租赁的土地上建设，面积约为三亩地。为方便大家进一步地体验花园生活和交流，设计成花园主题的民宿。清晨起来，目之所及之处是蓝天白云、高山小溪，和美丽的"了了的花园"景观。新花园的工程现已开工，预计年内主体建筑竣工，秋季完成部分植物的栽种，最快2020年将与大家见面。"有朋自远方来，不亦乐乎"我和你约定明年春天在花园相会。

我无法记录下花园里每一个令人感动的变化，无法陪伴每一株植物的花开花落，更无法让时间凝固在美好的季节里永不离开。如此，拍照才变得有意义。如果缺少照片的定格，我将无法回过头来用文字向你表述当时花开的盛景，阳光沐浴的璀璨，以及我胜过花开的怒放心情。我的花园照片足以证明我的欢欣，我曾经的不知疲倦，和我热爱生活追求梦想的心。

小记：花园最初落成的一两年，植物还没有完全长好，花园显得有点光秃秃的，并不觉得它有多美。但花园是时间的艺术，静下心来，不争不抢，不急不躁，经历时间的慢慢沉淀，花园会慢慢变美，这个过程也是感受幸福的过程。

一座美丽的花园，不仅有花草绽放时所吐露的芬芳，阳光洒落时的温暖片刻，逃离现实匆忙的悠闲下午茶时光，更是花园主人生活格调与品位的集中体现。

一座具有古典主义色彩的城市花园

图文 | 兔毛爹

主人：兔毛爹
面积：55 平方米
坐标：北京

在阔别了九年之后，我又重返了这座城市，
并且，拥有了一座如此独特的，
具有古典主义色彩的城市花园。
尽管，它很小，很小，
但它毕竟是我在这座城市里，
第一个带花园的家。

左页　"四瓜花园"，是一座典型的城市花园，其面积只有55平方米

右页　坐树下，吹笛、下棋、喝茶，聊天儿

我曾经是：旅行爱好者，摄影爱好者，写作爱好者。

2008至2017年，在"玩"过两次"造园"之后（前者是乡村花园，后者是城市花园），我惊讶地发现：自己又成了园林爱好者和园艺爱好者！我的理性告诉我：人不能有太多的爱好，否则，干什么都不专业，而我的感性告诉我：永远保持好奇，永远做一个"爱好"的爱好者，其实也没什么不好！

仲秋，阳光普照，这样的好天气的确让人"理性"不起来，如是，我坐在窗畔，拿起一支"感性"的笔，慢慢回忆我那些不太专业的"造园"经历，也试着解读：人为什么会有那么多"爱好"与"好奇"。

……

2017年夏天，我家迁居，从里到外，一片忙乱，新园在缓苗，我和兔毛娘无暇顾及，原以为当年不会有所收获。然而，不知从哪儿刮来一粒种子，未几，成秧，60日余竟在秧下结了四个莫知其名的小瓜。秋初，我和兔毛（我的女儿）兴高采烈地将这"四瓜"收了，继而，坐树下，吹笛、下棋、喝茶，聊天儿。

盘中，兔毛问："爹，你说，咱家新花园叫个啥名好呢？"

我反问："你觉得呢？"

她，略作迟疑，然后答："我看就叫'四瓜花园'吧！"

我不解，遂问："何出此'名'？"

兔毛指着刚刚收获的小瓜说："您看，我

125

们居住在此，虽'不劳'却亦有所'收获'，这真是上天对咱家的眷顾呀！所以我决定以'四瓜花园'命名此园，以纪念这次'不劳而获'的幸运！"

我听完有如五雷轰顶，却又无言以驳，如是，只好苦着脸默默祝福我家的新园：年年有今日，天上掉"四瓜"！

兔毛所谓的"四瓜花园"，是一座典型的城市花园，和过去住了九年的乡村花园不同，其面积只有55平方米（过去的院子有280平方米）。现代城市，寸土寸金。城中私家花园的面积全都非常局促，且物业制度严格，绝不允许私搭违建。至此，我过去在乡村积累的那些造园经验，比如：大型拱门、木质栏杆的使用等，就全都用不上了。是故，我就不得不重新思考，如何因地制宜，寻找细线条、多变化、且更具现代感的新型材料，去打造一个兼具古典主义风格，又可与这栋相对简约的现代建筑相匹配的——城市花园。

然，"造园"不似"种瓜"，绝没有"不劳而获"的可能。此园虽小，却让我付出了更多的艰辛，因为，这里的每一寸土地都要精心布局，每一株植物都要认真取舍。那么，我到底是怎样布局和取舍的呢？一切都要从我与这座花园初相见的"相地"说起……

"相地"与"测量"——前期准备工作中的重中之重

无论是自然风格的英式花园，还是现代风格的精致花园，其设计的第一步都要从"相地"开始。"相地"一词，出于《园冶》。指的是古人在建造宅邸之前，要踏勘园址，对未来的园林布局制定大致规划的重要过程。古人造园讲究："补风水""培风脉"。即，山不够高时，以亭增之，水不够聚时，以疏浚之。或在平地堆山叠石，挖地引水，以作"补景"之用。

现代造园，虽受很多条件的局限，已不能向古人那样"为所欲为"了，然而，"相地"一事，依旧是设计阶段的重中之重。使用者唯有认真地对自己未来的居住环境做过考察之后，才能对如何利用这块园地，给出客观评判。

"相地"绝对不是简单地在花园里走一走，或在花园周边转一转，以期对未来的花园有个大概的了解。正确的方法是：在晴天的时候，找把椅子坐在花园里，认真地记录园中全天的日照分布，以确定哪里是向阳处，哪里是半阴处，以及哪里是全阴处。这样，才可以勘对设计中花园分区的合理性，准确地预留就餐区（应安置在无风处）、凉亭（应安置在全阳处）、犬舍（应安置在半阴的树下）等位置。

重新思考，如何因地制宜，寻找细线条、多变化、且更具现代感的新型材料，去打造一个兼具古典主义风格，又可与这栋相对简约的现代建筑相匹配的——城市花园

"相地"的另一个重要作用就是要确立未来花坛和花境的正确走向。花坛和花境位置的确立和园中的光照有着密不可分的关系，房屋南侧的空间，适合大多数植物的生长，因而可以建造大型的花坛或花境。而在阳光不能直射的围墙或格栅旁，则宜种植耐阴的常绿植物或在强光下较容易焦叶的植物（如"无尽夏"绣球等一晒就蔫儿的植物）。

浅色的物体可以反射光照，为植物提供足以保持光合作用的柔光，是故，将围墙或格栅刷成白色、浅灰色或淡黄色，是将"阴处"改造为"阳处"的巧妙选择。当然，这种方法并不适合于狭窄的夹道、或者完全背阳的屋檐下，在这些地方就只能选择玉簪、麦冬、虎耳草、蕨类等极耐阴的植物来种植了。具体说到我家花园，在北向全阴的夹道中，我设计了一组中式园林景观，也起到了非常好的效果。

我在"相地"的同时还着手对花园进行了测量，并将所得数据和预想的花境位置在草图上标记了下来。这张草图在后来的设计阶段发挥了重要的作用，它帮我准确地回忆起了"相地"时所观察到的所用细节。

阶梯式的布局——让花园更具立体感

关于如何巧妙地增加花园的使用面积，聪明的房地产开发商给我上了重要的一课。他们把小区中所有的私家花园都设计成了坡地状，从而有效地提高了小区的绿地率。但坡地花园使用和打理起来颇为麻烦，如是，小区里99%的住户都把坡地铲平了。这样做既费工又费力，而且，坡地被铲除后，原有的院墙就会显得过高，院内的采光也会受到影响，坐在这样的花园里会有一种"坐井观天"的压抑感。

是故，在经过了多次"相地"和与兔毛娘的反复磋商之后，我决定借鉴台地花园的设计方法，将种植区分为上、下两部分，从而形成一个结构均衡的阶梯式花园。

阶梯式花园有两大好处：其一，就是把"直路变曲径"。通过改造，园中的步道由原来的简单直线，变成了复杂的"U"形线，所以漫步其中会感觉步道很长（并被步道引导着以最佳的线路去欣赏园中的美景）。如此，身临其境的人会发现：中途的看点增多了，花园看起来仿佛也比实际面积更大些。其二，使植物分区种植，从而形成情趣不同的两个空间。再小的花园也可被分隔为多个更小的

空间，而这些小空间，永远都会比一个"一览无余"的大空间，更能令人产生探索的欲望和无尽的想象。

一旦空间分配完毕，就应考虑空间内植物的结构了。依据"近小远大"的花园透视原则，我在靠近客厅的下层花境中选种了三棵骨架植物，即：紫薇、丁香和木本绣球（一高两矮，形成一个稳定三角形），并在其之下，间种了花期不同的球根、薄荷、玫瑰、薰衣草、虞美人和天人菊等（其中很多是芳香植物）。下层花境是全园的焦点，这些美妙的植物不仅可以炫目，亦可让我足不出户，就能感受到花之芬芳的扑鼻而来。

我在距离客厅较远的上层花境中选种了三种较高大的骨架植物，即：郁李、北美海棠和欧洲荚蒾，在其下，间种了宿根的"银币"绣线菊、"安娜贝尔"以及造型植物欧洲紫柳和紫叶风箱果等。

上层花境地势较高，需仰视才见。所以我在配植上尽量选用了白、粉色系的花卉。盛夏，当欧洲荚蒾展颜时，婉约的白色就成了整个花园的底色，任其他娇艳之花与之"碰撞"，从而形成："冰与火""寂之艳"的反差撞色。如此的有序搭配，符合视觉空间递进的原

右页 借鉴台地花园的设计方法，将种植区分为上、下两部分，从而形成一个结构均衡的阶梯式花园

上左 在北方寒冷的冬季，花园里一旦有了这么一道常绿的风景线，就会让原本"冷寂"的院子变得"温暖"，有一种刚刚被人"打理"和"照顾"过的感觉

上右 秋天红色的落叶

下左 铁栅栏边的小品，给花园添彩

则，亦使整个花园的布局充满了我所满意的立体感。

巧用院墙——让花园更具丰富性

对于小花园来说，院墙的绿饰亦是设计中不可被忽视的环节之一（小花园的院墙面积可能比花园的占地面积还大）。巧用院墙，可以为原本捉襟见肘的方寸之地平添很多妙趣横生的空间，从而使花园更具丰富性。

具体谈到我家：在东墙下，我保留了开发商留下的柏树绿篱。与黄杨相比，柏树绿篱的面积更大，且针叶不易被风抽干，所以阻风性更好，看上去也更干净、整齐。在北方寒冷的冬季，花园里一旦有了这么一道常绿的风景线，就会让原本"冷寂"的院子变得"温暖"，有一种刚刚被人"打理"和"照顾"过的感觉。

花园应该是四季皆具生命力的所在，所以，就像重视春天的植物架构一样，我亦非常重视其冬季的景观效果，因为，我知道：不管是否走出去看，花园就在我窗外，它是我和家人每天都要面对的"风景"，无论冬、春！

在绿篱中间，我设计了一座假门，希望以此为"障"，给到访者以更多的想象空间（让他们误认为在此门后，还会有一座更加繁花似锦的秘密花园存在）。这种"实中有虚"的小技巧，被称作"障景"，它是我提升这座小花园空间感和趣味感的"秘密武器"。

花园的南墙外是小区的绿地，其间，种植了大量的锦带、海棠、栾树以及青枫和红枫等园景植物。为了和园景相映成趣，我在南墙下选种了三棵浅粉色的爬藤本月季季，此手法源自园林营造中对"借景"的运用。我期待：一年后，它们会为我的小园奉献一片色彩典雅的月季花墙（一座花园通常要"养"三年才可呈

现最佳状态）。

我家的西墙紧挨邻舍的花园，为了确保私密，我选择了木质格栅作为遮挡。从方位上看：西墙下又阴又冷，所以我将格栅涂成了白色。白色具有反光作用，能够使花园看起来更大、更明亮也更温暖。在格栅之下，我放置了一条长凳，此处是我给盆栽植物换盆以及修理花园工具的小场地。长凳之上，钉有一个杂货架，是摆放花园杂货和悬挂刀、剪的地方。

对于一座小花园来说，拥有一面"杂货墙"是非常有必要的。第一，从功能上讲：它具有强大的收纳功能，可使花园看起来杂而不乱。第二，从心理上讲：杂货，体现着人的潜在审美，表现花园的个性，是花园主借以表现其内心幻象的重要手段。比如，我就在这面墙旁悬挂了一幅象征着"港湾"的壁画，它暗喻：此处，便是我后半生得以"系舟收桨"的所在。

在花园西墙与北墙的交界处，我选种了一棵忍冬。忍冬花是一种"热闹"的花，花开的时候，很像燃烧不息的火焰，可以从初春开到初冬（且几乎不会受到病虫害的侵扰），极适合在北方庭院里种植。北墙，是全园阳光最好的地方，所以，一棵忍冬便足以蓬勃发展，给整个区域带来生机和灵动。

被忍冬掩映着的是我家位于花园北墙的客厅入口。在此，我设置了由三个花缸组成的组合盆栽区和花园就餐区。组合盆栽，有效地提升了客厅入口处植物的观赏性，而可防水的户外沙发，则最大限度地提高花园生活的舒适度，真正让"室外生活室内化"这一理念成为了现实中的一部分。

用材与配色——大、小花园的不同之处

还是因为城市花园的占地面积有限，所以

133

在小园营造的选材上要格外慎重。比如，在大花园中常见木质茶亭，于此处就不再适用，取而代之的应是线条简单的欧式铸铁"过亭"。又如，在花坛边界的选材上，大花园中常用的厚重石材亦被我摒弃，转而选用了质地轻盈的耐候钢板（即：耐大气腐蚀钢，是介于普通钢和不锈钢之间的一种低合金钢板）。这种材料通常被用于现代简约风格的花园营造，但它一旦生锈，即可与我造花坛时选用的黄色板岩相契合，营造出一种颇具古典主义色彩的英式花园的氛围来。在园路的铺装上，我也采用了以简约的现代花园汀步与传统的板岩石路相对接的方式，从而达到了，让到访者仿佛是从现实世界（我的客厅入口是现代简约式的）恍然回到曾经的那些古老而美好时光中去的效果（我的花园是怀旧风格的）。

从配植的角度讲，在小空间内种植爬藤植物是有效节省土地的好方法，而常绿植物或造型植物的运用则可能比大面积种花的效果更好。我本人不是植物控，所以，并不在乎园中植物的品种和数量，然而，我认为：植物是为了烘托花园的气氛才被入选到花园里来的，所以，要特别注意的是对其形态和色彩的把握。小花园最大的缺点是不能进行色彩分区，所以，如果在小花园里使用的色彩过多，就可能会给人一种眼花缭乱的感觉，尤其是在城市，

过于艳丽的色彩，不免流俗，惹人"嫌弃"。

是故，为了协调新花园的色彩，我在配植的时候尽量选择了相对素雅的花灌木和丛生植物，如白色的欧洲荚蒾、紫薇等，以彰显我对于"白色花园"的情有独钟。据说，古代的哲学家是借着月光在花园里思考的，而白色是在月光下唯一能被看到的颜色，所以，西方人，又把"白色花园"称作"哲学花园"。

我不是哲学家，也不经常借着月色在花园中思考（我只是借着月色在花园中浇水），但我相信：白色，传递给人的一定是清新与舒畅的感受，而它赋予这小园的呢？偶尔，可能是哲学的气息，偶尔，也可能是平民化的浪漫与自由。

自从爱上园艺以后，我忽然对这种平民化"浪漫"与"自由"产生了由衷的渴望。然而，它们却一如兔毛的"四瓜"和我的"爱好"般，全都是如此的可遇而不可求。

现在，我对自己的生活大抵满意，因为，在阔别了九年之后，我又重返了这座城市，并且拥有了一座如此独特的，具有古典主义色彩的城市花园。尽管它很小很小，但它，毕竟是我在这座城市里，第一个带花园的家。

现在，我就坐在自家的花园里，看着属于这座城市的：几百黄昏声称海，此刻红日可人心！

右页　就在这面墙旁悬挂了一幅象征着"港湾"的壁画，它暗喻：此处，便是我后半生得以"系舟收桨"的所在

海螺姐姐的花房

图文 | 海螺姐姐

主人：海螺姐姐
面积：地面花园 700 平方米，
露台花园 100 平方米，
屋顶花园 200 平方米
坐标：北京

因为深爱家人，爱自然，爱生活，所以致力于
做园艺圈最擅长美食的人，美食圈最精通园艺
的人。

每个房间都阳光充足，可以养花种草　　　　　　　北京的冬季干燥寒冷，但阳光极为灿烂

　　每次我在花房里读书、看报、侍弄花草，总会引得先生时不时过来喝水、说话。此时，我也正好放下手边的活计，小憩片刻。这里俨然成了我们无话不谈的场所，成了一家人最愿意逗留的角落。除了聊聊家长里短、时事新闻，我们总免不了感叹修建花房的举措是如何的正确。

　　当年买这栋房子就是看中了屋子采光极好，每个房间都阳光充足，可以养花种草，因此装修时没有专门修建花房。没想到第一年就颇受打击，房间里夏天开空调，冬天有暖气，四季恒温，人待着很舒服，可对很多植物来说却是个灾难。再加上室内太过于干燥，以致除

了热带植物，其他的植物在屋里都长势羸弱，枝条纤细发黄，花芽消苞。原来，植物除了喜欢阳光，也是需要温差的。于是，开始规划修建一个面积适中、易于打理、没有暖气而又温度适宜的花房。

　　北京的冬季干燥寒冷，但阳光极为灿烂。阳光下的室内就算没有暖气，白天也能很温暖，如果能解决好夜晚的保暖问题，修建花房是很合适的。可是，到了夏天，房里就会酷热难耐，没有空调的花房如同桑拿屋，只能当做储藏室，人基本不能进去，花房就成了鸡肋。

　　我和先生为花房的位置商酌了很久，从光照、温度和便于打理的角度思量，再秉承我

品的存在不仅要有观赏性，更要有实用性　　　　　　　　　　　　舍不得浪费每一丝阳光、每一寸光阴

家一贯的指导思想——物品的存在不仅要有观赏性，更要有实用性。我们的意见最后达成统一：花房不能修建在院子的中心地带，只能在花园一隅，既不能破坏主体建筑的结构，还要能为花园增光添彩，不仅是花草的储藏室，更应该是客厅和餐厅的延伸，是全家冬季活动的主要场所之一。

综合以上因素，先生细细思量，确定了花房的位置，满足了我的心愿。

我家原本有个下沉式庭院，面积约70平方米，因为考虑到北京冬季的风沙大，先生用玻璃窗把它封闭起来做了一个小型室内运动场。运动场层高6米，设施俱全，不仅有球桌，还有篮球架。在冬季，这里既是先生的健身房，又是我晒香肠、晾腌肉的地方。

运动场上方是我的露台花园，20平方米的花房就修建在露台花园的东南角，2/3在露台上，1/3外扩出去并新做了玻璃顶和玻璃墙。从上午 7 时多一直到下午4时左右，花房里都阳光充沛，成为名副其实的阳光房。

花房紧挨着我家的书房，书房曾经是家里温度最高的房间，冬季白天约28℃，晚上25℃左右，闷热干燥，我们在里面根本待不住。现在，把花房和书房连接处的窗户拆掉，作为出入口，不安装门，只有一层厚厚的布帘，既是装饰，又可调节室温。经过一番改

左页 最好立体种植，善用各种吊钩和阶梯架子，这样能解决空间有限的问题。每天通过劳作，认认真真地感受一下和植物相处的过程，感受自己亲手种下去的小生命散发的力量，就能获得平和宁静的心境

造，书房的热量能散发一部分到花房，如此，冬季里书房白天室温约为20℃，夜晚16℃左右，宜居；而花房没有安装暖气也能保持一定的温度，白天在阳光下室温25℃左右，人微微冒汗，晚上7℃左右。充足的阳光和合适的温差让花草得以安然过冬，花房也成为植物的天堂。因为不安装门，这两个屋子也成为一个整体，每次先生说花房有20平方米，我都要纠正："不对，是40平方米。"

书房阳光也是极佳的，这里安放了一张长条桌，摆放了不甚耐寒的植物，也能从视觉上成为花房的延伸。当然，书房的功能也发生了改变，抬走了书桌，添加了茶几、电视、一组沙发，这里被改造成一个起居室。

而夏季，花房因为只有1/3是玻璃顶，下部又中空，是地下室，温度不会很高，我将这里打造成一个杂货花园，摆放耐热的花草。花房外露台花园里的茂盛植物，既能给花房遮阴

降温，也能与花房内的植物相互映衬；而花房亦成为露台花园的一个精彩角落，不再是鸡肋。

花房完工以后，我把心爱的多肉，铁线莲F组、常绿组，往年扔弃的天竺葵等草花搬进屋，再配上各种小杂货、家具，花房终于打造完备。早上起床后，我们第一时间就去查看温度、湿度，观察每株植物的生长状况。

入冬种植的球根都已破土而出，铁线莲的芽苞和枝条粗壮结实，天竺葵、仙客来等萌发了很多枝条，鲜花不断，往年易徒长倒伏的中国水仙、酢浆草等在这里矮壮多花，花期很长。尤其是多肉植物，不再徒长，敦实紧凑，颜色丰富多彩。

自从有了花房，家里的早午饭基本都在花房进行，如果恰逢朋友来访，人数不多的情况下，大家一起闻着花香就餐，饭菜都似乎更香甜可口。

自从有了花房，舍不得浪费每一丝阳光、每一寸光阴。午睡取消，花心思烘焙各种点心和甜品，享受着我们的下午茶时光，生活多了不少仪式感。

自从有了花房，先生也很少单独活动，每天午饭后泡壶茶，一起沐浴阳光，谈心交流，自诩补钙进行中。

我们经常得意地感叹："有了花房，咱家幸福指数更高，生活质量更好！"

从院子里看花房，绿意葱茏、春意盎然；从花房里往外看，花园里线条流畅、错落有致，心里规划着来年的梦想，祈盼着春天的来临，心中有希望就是幸福。

花房的诞生，不仅让我的花园做到了四季鲜花盛开，也消除了北方冬季的萧瑟带给人的情绪低落和伤感。每次眼光触及花房，看着生机勃勃、绿意盎然的角落，心情都特别舒畅。每天通过劳作，认认真真地感受一下和植物相处的过程，感受自己亲手种下去的小生命散发的力量，就能获得平和宁静的心境。

如果你也爱花，那给自己修建一个花房吧！不管它多大，在哪里，只要有阳光，就一定能照亮你的心房。

左页　充足的阳光和合适的温差让花草得以安然
过冬，花房也成为植物的天堂

右页　书房阳光也是极佳的，这里安放了一张长
条桌，摆放了不甚耐寒的植物，也能从视觉上成
为花房的延伸

Tips

1.花房修建的方位很重要，一定要朝南，这样阳光才会充足，寒冷的冬天才有意义。别的方位只能是植物的储藏室，你不要指望它们开花、茂盛生长。

2.花房一定要有温差。如果有暖气，晚上调低温度，一般5℃左右。现在有自动调温、节能很棒的取暖设备。

3.多肉、天竺葵、铁线莲、仙客来、长寿花、报春花、酢浆草等大多数植物都适合在花房里生长。

4.明确自己花房的功能，如果只是植物种植空间，需要配置收纳园艺用品的家具和桌子，还要配一把结实的小凳子，供爬高上低和小憩片刻时用；如果需要具有部分客厅、餐厅的功能，则要选择合适的家具，合理摆放植物，以不影响人活动为宜。

5.最好立体种植，善用各种吊钩和阶梯架子，这样能解决空间有限的问题，也能让花房特色更突出。适当点缀以心爱的园艺杂货，凸显你的品味，丰富花房的内容。

6.修建花房尽量找正规的施工单位，需使用双层以上的真空玻璃，极好的玻璃造价昂贵，但能让更多的紫外线进入屋里，更适宜植物的生长。如果要求不是很高，选择大品牌厂家生产的就可以。夏季如果使用花房，最好配有遮光帘，帘布安装在外面比在里面效果更好。

7.如果条件允许，可以搭建标准的英式花房，外面装上电动遮光布和洗刷装备，屋里安装空调，那绝对是花房里的"劳斯莱斯"，一年四季都是你的天堂。

花房完工以后，把心爱的多肉，铁线莲F组、常绿组，往年扔弃的天竺葵等草花搬进屋，再配上各种小杂货、家具，花房终于打造完备。早上起床后，第一时间就去查看温度、湿度，观察每株植物的生长状况

玫园春秋

图｜玛格丽特－颜、Rosy　　**文**｜Rosy

主人：Rosy
面积：180平方米
坐标：北京

鲜花奇草，百般芳菲，吾独爱玫瑰，几十年如一。在 Rosy 的心里最能营造花园浪漫、温馨、华美、馨香氛围的花卉非玫瑰莫属。不仅如此，玫瑰也承载了 Rosy 对昔日生活的记忆和怀念。许愿拥有一座玫瑰花园，感恩一路走来，人到中年，梦想中的花园终于出现了，名曰"玫园"——低眉折腰待闲草，有芳有华度春秋。

玫园故事

鲜花奇草，百般芳菲，我却唯独钟爱玫瑰（月季），几十年如一。在花园里，最能营造浪漫、温馨、华美、馨香氛围的花卉非玫瑰莫属。不仅如此，玫瑰也承载了我对昔日生活的记忆和怀念。1997年，玫瑰花开英伦摄政公园，先生为我庆生，于是就有了拥有一座玫瑰花园的梦想。感恩一路走来，人到中年，我拥有了玫园，圆了梦。

玫园是一个次新花园，落成三年多，故事浅显，却见证了一段成长。

心中有园，人生轨迹便多了筑梦的色彩。为了改变生活方式，几年前我和先生购置了一座带有"花园"的房子。收房在一个春天，初识玫园原型，难掩失望。黑色的铁艺栏杆林立，无规则地围绕着一片狭长空间，由西和北向少光区域、中部无土露台过道、南侧小片台地组成。与其说是花园，不如说是露台、过道、小片台地的奇怪组合。无奈之下我聘请来专业的花园设计团队，经过精心设计和巧妙布局，先天不足的条件才得以弥补，玫园变得开阔有了层次。

一座花园，一定要与房屋的外立面气质

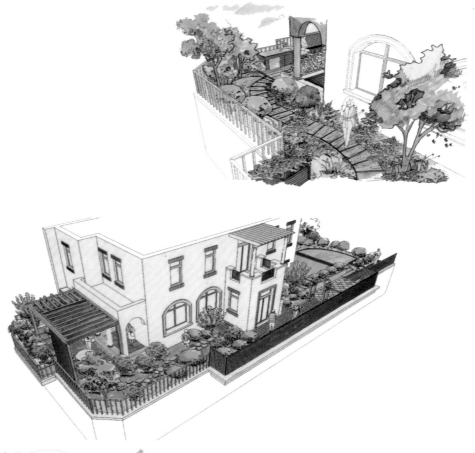

吻合。我的玫园坐落在一片托斯卡纳风格的建筑中，但黑色的铁艺栏杆略显呆板沉闷，需要改造。建园之初，我希望玫园像托斯卡纳的艳阳，洒落田园，希望她像女儿的调色板，色彩纷呈。于是选取蓝色的防腐木围栏替代部分铁艺栏杆，这一步实属用色大胆。

一座花园，如果有适宜的主景观，便能突出颜值，令人印象深刻，这一招屡试不爽，也被我拿来援用于对玫园的改造。玫园中部的蓝色拱门花架，每年春天因有嫩粉色的'龙沙宝石''自由精神'、铁线莲'楼兰'攀缘缠绕，成为玫园的经典标志。'龙沙宝石'的绚

烂只吝啬地绽放在春天，而'自由精神'又藤性不强，小铁'楼兰'虽说能弥补空花期，但也略显单薄。我寄希望于明年春天栽种一棵勤花藤本月季，能令蓝色拱门的花期长长久久。

我的小花园虽做不到九曲通幽、一步一景，却也一眼望不尽美色。蓝色拱门将花园很好地分为内园和外园，既满足了内园的私密性，又兼具外园的展示功能。花园入口的小门也是蓝色防腐木材质，高矮适中。入门后红色烧结砖铺地一直延伸至蓝色拱门，形成外园极好的视觉角度和展示效果。

花园带给我们的不只是园艺，更是生活。

拱门外红砖区域的光照很好，无论盆栽月季、铁线莲或是各种应季花草，整体的展示效果都很艳丽，是极好的下午茶赏园区。我选择深色、陶色或米色花盆，与白色的花园桌椅搭配，淡妆浓抹，艳而不腻，两相宜。花盆都配有带轮脚的托盘，根据光照强度、开花情况，可以不停地调整，变着花样地换场景。一杯香茗、一阵花香，阳光拂面、鸟儿叽喳。

南侧台地面积约30平方米，是玫园最宝贵的全阳种植区。最醒目的要算三个高大的白色铁艺花架，均高约两米，爬满了藤本月季，以'龙沙宝石''大游行''安吉拉'为主，都

是前些年我最早接触到的藤本月季品种。虽然自己也是欧洲月季品种控，但拥有的宝贝我一棵也不忍心舍弃。是花都美，不论颜色，无关出身。白色铁艺花架正对着房子二层的客厅，由内向外的窗景非常悦目，即便黄昏、阴雨天气，户外光线不佳，我的花架和藤本月季依然鲜亮夺目。

台地上还有山楂、海棠、樱花、丁香、连翘，以及月季花、百合花、大丽花、欧石竹、大滨菊、美女樱、鸢尾、鼠尾草'卡拉多那'于不同的季节次第绽放。爱好园艺，首先要过基本的种植关。而这片台地像一个试验田，令

这个小花园虽做不到九曲通幽、一步一景，却也一眼望不尽美色

我在花草试种、选取中获得乐趣，顺带收获丰硕的秋果。

玫园的西北侧有一条小径，弯曲有致，笼罩在国槐的斑驳光影下。我曾经仔细观察记录过这里的光照时间、干湿变化，对小环境做周到细致的了解，以此为依据来调整花草树木的品种和布局。经过几轮筛选，最后绣球'安娜贝拉''无尽夏''珍贵''魔幻水晶'，秋牡丹、紫苑、鸢尾、松果菊、大滨菊、大花葱、佛甲草、耧斗菜、落新妇、玉簪、矾根、鼠尾草、枫树、紫薇、丁香入选，装扮在小路两侧。

北院由一个较大的防腐木格架笼罩，光影婆娑，此处放置了盆栽的栀子花、绣球、小枫树等花木。夏季烈日焦灼时，南院的盆栽花草也会被搬到这里躲避酷暑。

我家的房屋多窗，我便适当地布局花木，使得在室内外皆能赏园，这也是玫园的特色之一。映入眼帘的窗景春赏红枫和藤本月季，夏伴紫薇和石榴，秋挂海棠和山楂，一年四季，便在这春华秋实中自然轮回。

我坚持花园要有气质，或精致婉约，或简单流畅，或质朴自然，或艳丽明快。我的玫园因栽种月季的数量众多，便形成艳丽和奔放的风格气质。抗性很强的月季只需简单打理，就能赐予我慷慨的回报，花开一片片，一簇簇，大有开到爆的酣畅快感，而这种随意、自在、率真的洒脱正是自己所钟爱的品格。

除了抗性强，我还尤为喜爱浓香、勤花、耐热，兼具多个优点的宝贝品种，便悉心种下‘真宙’‘朱丽叶’‘自由精神’‘黄金庆典’‘纽曼姐妹’‘莫林纽克斯’‘莫奈’‘金丝雀’‘秋日胭脂’‘利奇菲尔天使’‘汉密尔顿’‘玛格丽特王妃’‘艾伦’‘美咲’‘亚伯拉罕达比’‘娜菏玛’‘沃尔顿老庄园’‘蓝色风暴’‘天方夜谭’‘不眠芳香’‘爱慕’‘罗衣’‘胭脂扣’等几十个品种，它们个个都是我的心头好。

玫园感悟

爱园之人，都是一群有着好人缘的快乐园丁，花友圈的活跃分子。大家不断地分享造园心得，学习种植经验，在阳光、空气、土壤、花草和昆虫间忙碌，验证了那句老话：低眉折腰侍闲草，有芳有华度春秋。

爱园之人，骨子里透着浪漫的情怀。用花草植物、园饰用品装扮着爱园，会为心仪花儿的盛开而欣喜，会因艳遇花园美图而赞叹。春夏秋冬，美妆花园的脚步和思绪从不停歇。

爱园之人，时常蹲守在花园里用相机捕捉下花草与光影的互动，记载与分享时光的美好。花园的光与影，鲜活灵动。一叶一木，小花静院，日子是实实在在看得见的。

爱园之人，幸运地做着自己喜欢的事情。朝八晚五在职场历练，回到花园总能得到心绪的平复，愈发追求精神层面的美好。花前月下，朝朝夕夕，风来听风，雨来看雨。风景在心中，日子才能过成诗。亲朋好友，花前小酌，只恨岁月匆匆不停留。

四季更迭，草木枯荣。每棵植株从发芽、开花再到结果，不同的生命周期孕育不同的美。爱园之人，痴迷于每天的巡园，与花草缠绵，与自然交心，与自己的心灵对话。与每一株花草的接触，都是快乐的遇见。

感谢这快乐的遇见。

右页 建园之初，花园主希望玫园像托斯卡纳的艳阳，洒落田园，希望她像女儿的调色板，色彩纷呈。于是选取蓝色的防腐木围栏替代部分铁艺栏杆，这一步实属用色大胆

Rosy给花园新手的造园小贴士：

1.如果对改造异形花园无从下手，一定要聘请专业的设计团队帮助搭建好花园的主体结构，避免日后自己零敲碎打、搭积木式的反复折腾。

2.设计师可以帮你打造花园结构，但满意的花植"软装"还需园主亲力亲为，这个阶段或许要持续上几年。园艺新人需过基本的种植关，方可谈及花境的打造或个性化的追求。

3.花园作为室内生活的延伸，以房屋内外皆能赏园为最佳境界。爱园艺，不等于当花奴，要尽可能多地享受花园生活。

4.同城不同天，花园中的种植小环境又各不相同。勤观察记录自家花园每个角落的光照、通风、干湿情况，选取适宜的花草种植。

5.在极端天气情况下，要给盆栽花草多些呵护。若冬季不仅寒冷且长时间无雪、干燥，记得选个阳光好的午间给小铁、绣球、月季适当补水；高温酷暑的夏季，即使是全光照的花草也要注意用盆托或垫脚将花盆与硬化地面隔离开，或搬至短光照区域适当遮阴。

"莲园之上"的四季乐章

图文 | 阿罗

主人：阿罗
面积：约 255 平方米
坐标：北京

一场初雪后，"莲园之上"彻底进入休眠，就到了总结一年光阴的时候。从春天种下种子及小苗时的希望，到夏季风雨中的茁壮生长，再到秋光中辉煌的呈现，最后冬雪后平静安宁的蛰伏，"莲园之上"让我感受了四季的不同魅力及生命的盛衰变化。

左 高山剪秋罗高挑的小白花晚风中轻轻敲击旁边的土陶罐，说不出的轻盈美好

右 黄昏来临，落日的金色光芒笼罩着这里，为"莲园之上"镀上一层金边

如果没有"莲园之上"，我不会这么真切地感受到时光的流逝，一天、一月、一季都在变化着，有时会有遗憾，再怎么美好的存在都会消逝，但时光的可贵正是在于它的不可留，只要用心感受过、顿悟过，便不会辜负这拥有过的一切美好……

春之希望

拥有一座观赏草花园的梦想来自于侯晔的飞猫乡舍。2019年的春天，在侯晔、海螺姐姐和朋友们的帮助下，我实现了这一梦想。

因为有了这座花园，我更关注太阳是否暴晒，风是否过大；我更愿意去倾听风铃的声音，因为我在屋顶忙碌时，它是我耳边长久的声响。

我给植物浇清凉的水，感受它们欢欣的回应。

我喜欢泥土从指间溢出，心里微微的满足；闭上眼我更能嗅到芬芳，它来自花朵与绿叶，来自风中裹挟着远方的味道……

黄昏来临，落日的金色光芒笼罩着这里，为"莲园之上"镀上一层金边。

满天的杨絮飞舞，平时惹人厌的它们此时自带着光芒，增添着浪漫气息。

高山剪秋罗高挑的小白花晚风中轻轻敲击旁边的土陶罐，说不出的轻盈美好；青石板记录着日落的寸移，夜幕降临，烛光亮起，与天

上的星星交相辉映。

"莲园之上"是梦想的拥有，而"莲园之上"的天空则是意外的收获，我这时才发现，我拥有的不仅仅是一座观赏草花园，而是一个以天空作背景，涵盖了星光月光日出日落的天堂。

夏之盛况

进入夏天，充沛的雨水及炎热的天气让植物们蓬勃生长，几乎每天都在发生变化。

这些花花草草们终于迎来它们最爱的天气，一棵棵兴高采烈地欢迎我。花池里前天种下的非洲狼尾草状态极好，在晨光中熠熠发光，飘逸灵动，给前院增强了围合感，护卫着金光菊和微月矮小的植物们，呼应着对面墙根下的山桃草与泽兰。

波斯菊次第开放，鲜艳夺目，点亮了每一个雾气弥漫的清晨。

阳光穿透过廊架一一拂过青石板，直到照射到尽头的碗莲，我注视着阳光的移动，看着它逐渐照亮沿途的花花草草、瓶瓶罐罐，伏低

身体摁下快门，留下此时的画面，这些图片将伴随我不在这里的日子，点亮我随后人生的灰暗时刻。

到了夏末，就有了秋的影子，芒草、狼尾草开始抽穗。一丛丛毛茸茸的草穗泛着清新的稚嫩，分外可爱！

美女樱从春一直开到了夏，我以为进入秋天，也就到了它盛开的极限，但最后，却给了我极大的震撼！

夏就在蝉鸣中流逝，"莲园之上"进入了秋，作为一个观赏草花园，秋才是它真正的高光时刻。

秋之辉煌

初秋的天空愈加高远，光线透彻，温度适应，花花草草们尽情舒展开来，柳叶白菀爆发式地开放。

波斯菊彻底占据了"莲园之上"的斜坡顶，让这方小天地缤纷多彩。

而美女樱进入秋天后，惊人地扩张，显

示出了极强的适应力，繁茂的花簇一层层地开放，掩盖了旁边的所有植物。

在某一个初秋的清晨，拍到了如梦似幻的秋日早霞……

秋意渐浓，清晨的光线被一丛丛的草穗紧握住，焕发出梦幻般的光芒，"莲园之上"因为这些草穗，拥有了异乎寻常的魅力。

透彻的光线，飘逸的草穗，我流连于"莲园之上"，看不够，拍不够……

深秋的"莲园之上"，几乎只剩下或深或浅的黄色系，在金色的晨光或落日照耀下散发出温暖又耀目的光芒。此时的"莲园之上"，褪尽杂色，就这样纯粹地展示自己，步入其中，感受扑面而来的浓浓秋意。

金黄到了极致，便泛出了厚重的红……

11月底一场初雪，"莲园之上"彻底进入了冬……

冬之蛰伏

纷纷扬扬的初雪下了一夜，我欣赏着初雪后的清晨，厚可及脚背的初雪覆盖了大部分的植物，我能想象它们在积雪下面，一定是宁静与安然的，经过春夏秋，到了冬，就该休息了……

"莲园之上"迎来的第一场雪，似乎比别处更厚一些，地面被遮盖得严严实实，草穗依然倔强地挺立着，显得些许的凌乱。

秋风中的草穗沾满了雪粒，窸窸窣窣随风飘落，掉落手心里，看着它缓缓地化成水滴，这一刻时光深处，岁月静好……

踩着及脚背的积雪，咯吱咯吱地走过堆肥箱上喝酒的哥俩，走过桌上沉睡的小鸟……挺立的红瑞木和须芒草顶着白雪醒目耀眼，骄傲地展示着冬天难得的色彩……太阳升起，给予芒草晶莹夺目的光彩。

这场冬雪宣告"莲园之上"正式进入了冬天，植物开始沉睡，只能静待明年春风再起，又一轮四季启动，又一次盛衰的循环……

"植物一年一轮回，陪伴它们度过每一个风雨晴朗的日子，用心去感受或宏大或微小的美好，见证它们在自己的天地里从稚嫩到辉煌再衰败，真切地触摸到了时光的流逝，听到了它们弹奏的乐章……"

花园里，闲人很忙

图文 | 玛格丽特－颜

主人：闲人很忙
面积：300 平方米
坐标：北京

刚下车，早就等着的臧女士就热情地带我们到地库外，从外面的角度看一下她的花园。

蔷薇月季开了一整面墙，深深浅浅的粉红色，在大片小区的绿树丛中跳跃了出来，最美的花期在一个星期前，刚冒出的粉色，像是一道美丽的风景，吸引了所有过往的邻居，都忍不住抬头赞一声："好美啊。"主人便格外骄傲，在给我们介绍的时候，她的眼睛里笑意盎然，闪着光。

左页　在光照充足的地方，种上喜阳的百合、桔梗
右页　三年时间开满了整面墙的蔷薇花

　　这个花园是几年前和平之礼的马总设计的，现在的花园在花境植物上已经改动了很多。"很少有花园在你建造交给主人之后，会好好养护，让花园变得更美的。这个花园的主人却很难得，对花园的热爱，对植物的热爱，让我很感动。"马总在给我介绍这个花园时说。

　　房子在联排别墅的最东侧，围绕着房子，便有了一个U型的南东北三面的花园，也意味着花园会比较狭长。

　　南面是花园的入口，还算规整，因为小区里树木繁茂，光照却并不好。这里做了一处小草坪，在边上种了山楂、桃树、金银木等，错落着自然的花境，在光照不同的地方，种上了喜阴的玉簪、荷包牡丹，喜阳的百合、桔梗，还播种的好几个品种的草花。"每一棵小苗都

不舍得拔掉。"主人指着空隙处长出的小苗，是她从国外带回来的种子，像是在炫耀着她最心爱的宝贝。

　　南侧花园的尽头，只有一个白色的拱门，和邻居家并没有隔断，要不是风格差异太大，我会以为那边的部分，也是这个花园的。

　　"为什么一定要隔开呢？"

　　因为臧女士的花园，本来全部种菜的邻居家也开始种起了花，还经常交流养花心得。

　　这也是让臧女士因为种花而快乐的事情之一。

　　东侧的花园就是狭长的一条，留了路，两边只有部分空间留着种些树、月季和一些围边的草花。在靠近门口的位置伸出去一块，比较宽敞，这里用木头围栏做了闭合，布置了桌

椅，是花园里的休憩区。围墙上则是盛开的蔷薇和安吉拉，三年时间，开满了整面的墙。每一根枝条都认真地绑扎牵引，绕着大门的拱形，一点点往上，没有丝毫地杂乱。

到了开花的季节，几乎每天都有朋友过来，一起赏花喝茶聊天。

可以把美好分享给更多的人，也是种花人爱花人的乐趣。

再往前，小路逐渐弯曲，一直绕到花园的北侧。路边的花境里，除了开始种的那些鸢尾和宿根植物，臧女士还有宝贝似的几丛墨西哥鼠尾草。

"毛茸茸的，太可爱的啊！"

有一次在国外花园看到，臧女士就喜欢上了这种草花，没想到在北京买到了，可把她乐坏了。墨西哥鼠尾草的花期还长，紫色的花絮在阳光下可爱极了，臧女士每天都要去看上几次。

这个心情我理解，河马花园里的每一棵植物也都是我的宝贝，看着满心欢喜，清晨的时候要去看几眼，白天走过路过又要多看几眼，黄昏的时候还要去看几眼……每次看到都心里甜蜜蜜的。

左页 充足的阳光和合适的温差让花草得以安然
过冬，花房也成为植物的天堂

右页 书房阳光也是极佳的，这里安放了一张长
条桌，摆放了不甚耐寒的植物，也能从视觉上成
为花房的延伸

我还想起刚生女儿沐恩那会儿，每天都好几个小时看着她，目不转睛，满心欢喜。

啊，就是这样的，爱花的人，看着花草的欢喜，就像是看着自己的孩子一般呢。

北侧花园还有一小片菜地，有花有果，还有菜，一个院子各种就全满了。

"不，还有水呢！"臧女士补充说。

花园在东侧还有一个楼梯通往底层车库出来的下层式花园，靠着扶梯，主人种上了欧月和铁线莲，让它们攀爬，靠墙的位置则是一个木凳，可以坐在这里休息。中间是圆形的地面设计，还有个圆的水景，种上了喜湿的旱伞草。

"要有方也有圆嘛！"臧女士说。

我说："叫你臧女士，感觉很别扭也见外呢，怎么换个称呼呢？"

然后我们便说起了花园的名字。

花园刚建设好时，要给花园取个名字，和平之礼的马总说："要不叫火丁花园？"火丁合起来是"灯"，也是她小儿子名字里的一个字。

"这是我的花园，可不是我两个儿子的花园。"臧女士并不很不乐意。

儿子在花园的存在，是为他们俩各种了一棵桃树，今年桃树已经结桃子了。

让我想起父亲小时候在院子里栽了两棵梨树，一棵是我的，一棵是我弟的。

给孩子栽下一棵树，大概是喜欢园艺喜欢植物的父母对孩子爱的一种表达方式吧。

花园的名字最后叫做了"闲人花园"，臧女士给自己取了个网名叫"闲人很忙"。想做个闲人，却依旧很忙；或者说有个花园，在花园里悠闲自在，看似闲人，浇水施肥，养护修剪，为了花园里的美丽，园丁很忙。

我蛮喜欢这个名字的。

右页 整面墙上的蔷薇，每一根枝条都认真地绑扎牵引，一点点往上，没有丝毫杂乱

花园，像孩子一样去爱它

图文 | 兔白白

主人：兔白白
面积：北院 90 平方米、南院 40 平方米
坐标：北京

怀着麦芽的那一年，
院子里种下了两棵樱桃树，
麦芽出生的那个初夏，
樱桃树上结了甜甜的果实……

对于热爱种植的我来说，拥有一个真正的花园，是多年来的梦想。而刚刚拥有花园的那几年里，除了不停地在自己的小园子里种种移移外，就是四处去看花园，荷兰的库肯霍夫、苹果屯、羊角村，英国的切尔西花展、科茨沃尔德（Cotswold）、邱园、四季农庄酒店……每一次花园之旅，出发时带着憧憬，回来时收获满满。

最深的感受是，真正的园艺不是摆设是生活，花园不在大小，植物不在多少，合理的规划和细心的打理最重要。这些收获和感想都被我慢慢融入自己的花园，热爱花园的人，永远不会停止折腾，每一个春天都是新的起点。

尤其，在有了小麦芽之后，时间变得紧凑起来，而如何拥有一个易打理又能令一家人都享受美好生活的花园成了新的挑战。

在植物挑选上，我不再追求奇花异草或过于丰富的品种，而主要采用藤本月季、绣球这样易于打理和布景效果好的植物。藤本月季中最爱的是'安吉拉'和'龙沙宝石'，前者长得壮、皮实，株形好，春天花量超大，盛花期效果惊人；而后者颜色柔美，气质出众，每当粉色月季'龙沙宝石'挂满枝头时，通常是花园里最吸引眼球的植物，而且鲜切效果好、花期长，制作的干花也很柔美。

各种绣球更是庭院宠儿，只要给足水，几乎没有病虫害。绣球'安娜贝尔'花量大，气场足，绣球'延绵夏日'花期超长，还可以种出同株双色的效果，在生命的不同阶段呈现出不同的美。花园里的宿根植物也都有各自出众的表现，绣线菊、福禄考、蓝羊茅、各种玉簪等，既耐严寒又耐酷暑，是打造花境的首选。

我们还在花园里DIY了自动喷灌系统，这样一来，不必每天在酷暑下花费几个小时时间浇水了。如此，才能抽出更多时间更好地享受花园生活，而不会感觉仅仅是被花园的工作俘虏着。

几年来，花园最大的变化不止是植物越来

上　真正的园艺不是摆设是生活，花园不在大小，植物不在多少，合理的规划和细心的打理最重要

下　如今，孩子五岁了，可以自由地在花园里奔跑、蹦跳，也会安静地陪妈妈喝茶、聊天，帮忙浇灌花园，给植物修枝剪叶

上 幸福也许是春天里看到小嫩芽的萌发，也许是秋天里亲手收获的那些果实，甚至可能就是简简单单和家人在一起的一餐一饭

下 每当粉色月季'龙沙宝石'挂满枝头时，通常是花园里最吸引眼球的植物，而且鲜切效果好、花期长，制作的干花也很柔美

左页 Jane收拾好厨房后会再去巡视一遍院子，剪下一束花花草草，开始拍照或者画画。如果说Jane以前是只见森林不见树木，那么现在她能看到每一个细节

右页 在波斯菊一旁休憩

总是能淘到好东西，而且还可以经常换家具，我们家大概半年就会有一个变化，我很喜欢这种新鲜感。除了这个，网上也有很多免费的东西，我也经常淘。澳洲的东西都很贵，但我总能淘到好东西，能省些开销。"

Jane是个淘手，有网友称她的家是"二手市场淘来的家"，当然她花园里的东西大多也是淘来的。

其实家里有花园的朋友都能理解，园艺圈有"拾荒养花"的说法，说是每个养花人都有一颗"捡破烂"的心。

看到不错的旧家具、旧木头、石材、旧铁艺品、旧花瓶、盆盆罐罐……只要能用上的统统拾回家去。

Jane的屋子里没怎么装修，花园里倒是大动干戈了。

院子刚买的时候，花不是很多但至少很整齐干净。Jane一阵乱挖乱种，变得惨不忍睹，以至于她有阵子最想的就是回到刚搬进来的样子。

不过Jane不是轻言放弃的人，她开始上网找视频学习，向朋友请教，一次又一次地尝试，坚持不懈，越挫越勇。

Jane每天早上6点起床，起来第一件事就是巡视一遍花园，这也是她起床最大的动力。Jane说想着又能看到花园一些新的变化，就很想去看看。

送完孩子上学，Jane收拾好厨房后会再去巡视一遍院子，剪下一束花花草草，开始拍照或者画画。

Jane开始并不会种花，按她自己的说法，死在她手上的花数不清了。不过，哪个园丁不是踩着植物的"尸体"成长起来的呢？

直到去年，Jane的玫瑰终于不是半死不活的样子了，她的花园状态越来越好了。

你的时间花在哪里，哪里就会有回报。如果说Jane以前是只见森林不见树木，那么现在她能看到每一个细节。

知悉每一个芽点，每一片黄叶，每一个盲枝……时间到了就播种、拔草、施肥、除虫……一切都变得井井有条。

现在Jane的花园主要种植区是侧边的一条路，种了八种茶花，还有百合、绣球、桂花、杜鹃、蓝雪花、含笑、素馨花、紫薇花、三角梅、紫藤、百子莲、飘香藤、日本枫树、柠檬树、芒果树……

当然最多的还是玫瑰，共有30多株。

"其实达到这样对于我实属不易，我从小就受不了任何枯燥、重复、乏味的事情，而园艺恰恰是需要做很多辛苦准备工作，拔草、除虫、施肥、细心呵护、经历挫败、漫长等待……这有点像人生、像养育孩子……我从园艺中得到了很多，变得能一天天做这些繁重的工作，累得腰酸背痛，我却乐在其中。"

罗马不是一天建成的，所有令人钦羡的成就都不可能一蹴而就。幸好Jane没有放弃，她家大花园才能有今天的样子。

02 花园与家人

"他们（姐弟俩）对特定的植物比较感兴趣，比方说我们刚买了一个西红柿的小苗，他们就会每天去看着它，看有没有西红柿长出来，或者是等它长出来了去摘一个……"

Jane的先生从事IT行业，平日上班，花园几乎都是Jane在打理。

Jane告诉我，她先生觉得带花园的房子打理起来麻烦，主张买公寓（apartment），不过Jane一直坚持要买house。

Jane胜利了，不过代价是她跟先生承诺"花园里的工作全都我来做"。事实上，花园里的大型体力活还是落在了Jane先生的肩上。果然，女人啊！

Jane还告诉我，刚有花园的一两年，她先生对园艺是一点都不感兴趣，花园也不怎么去。

但影响总是潜移默化的，Jane的先生现在也经常去花园，偶尔会主动说要买点花，帮着做拔草除虫的细活，而且还会给一些种植建议，比如说建议花园里应该种点果树。

毕竟Jane每天花那么多的时间在花园里，她先生是看在眼里的，花园的四时变化，她先生也是看在眼里的。

最关键的是朋友来家里的时候总夸自家花园，Jane的先生也有一种油然而生的成就感，与有荣焉，沾了妻子的光了。

这种来自于爱人的认同感、参与感，对Jane来说，意义非凡。

在谈到孩子的时候，Jane很兴奋地告诉我，每年母亲节的时候，她女儿和儿子都会不约而同地选种子、园艺工具作为母亲节礼物。

另外，两个小孩平时在外面看到好看的花也会摘下来送给Jane，因为他们知道妈妈很喜欢。

当然啦，妈妈会种花，家里的孩子自然也不会太差。Jane家里的两个小朋友也会时常尝试着和妈妈播种一些植物，每天观察种子发芽、生长状况。

不过两个小朋友并不是对所有植物都有那

朋友来家里的时候总夸自家花园，Jane的先生也有一种油然而生的成就感，与有荣焉，沾了妻子的光了

么大的热情，他们比较喜欢种植一些番茄、豌豆之类的。

　　除了种植，更多的时候是两个孩子和妈妈一起享受快乐的花园时光，在花园里休闲、嬉戏、喝茶、看书，日子就那样不紧不慢地过去。

　　虽然只是小细节，但孩子们对Jane的爱、理解、支持都包裹在这些细腻的小细节里。

03 Jane的一点小烦恼

　　"每一个画画的人，也是搞创作的人，都会需要有观众，或者说有喜欢他的人当然会很开心。但是要有一批有质量的统一风格的画，并且与之前每次办的画展不能太相似，这个挺难的。"Jane说

左页　路边的薰衣草开得正盛

右页上　每一个画画的人，也是搞创作的人，都会需要有观众，或者说有喜欢他的人当然会很开心

右页下　时常有小动物光顾

左页　散落一地的花瓣

右页上　餐桌上的花艺

右页下左　闲暇时光，与家人一起亲近大自然

右页下右　望向窗外的美景

如何实现家庭、职业、梦想的平衡？这不仅仅是Jane的烦恼，也是社会女性的普遍烦恼。

可是，Jane已经很优秀了，只是她不自知。没有几个人能做到她那个程度。不过，再优秀的人也会有烦恼的时候。

还好，Jane有一个花园，园艺给了她很多快乐。

"园艺真的很治愈，我在花园里干活的时候可以想很多事情，或者什么都不想，或者一边听着喜欢的小说，慢慢地度过我的一天.……我愿意就这样老去，种花，画花，拍花……"

早在2月份，我就开始和Jane联系，不过因为工作和时差关系，以及我们严重的拖延症，我们的联系断断续续的，我们原本谈好的稿子也被我一拖再拖。上半年过完后，我带着一种强烈的内疚感，终于挤出了这篇文章。

谨以此献给像Jane一样热爱生活的人，献给花园时光的花友们！献给我们很不容易的2020！

种花，换一种方式
重温旧时美好

编辑｜Youngin　图文｜娥仔

热爱花草，热爱园艺，已经成为越来越多人生活的一部分。一花一草皆疗愈，一草一木寄相思，满载正能量的园艺让人们沉浸于生活的美好，而且这份美好将一直真切地深植于我们内心深处。

主人：娥仔
面积：45平方米
坐标：广东广州

小时候，我们姐弟仨和爸爸妈妈住在一个小县城里，生活虽然不富裕，但是日子过得简单而快乐。

往昔里的花样年华

我打小就喜欢各种花草植物，我们家有个简陋的小露台，矮矮的围墙上放满了大大小小的花盆，种的都是些很普通很平常的花草，凤仙花、昙花、米兰、万年青、虎皮兰、茉莉花……最让我印象深刻的是几株天蓝色的喇叭花，蓝得那么纯粹，蓝得那么美。

我细心地用一根根线把喇叭花牵引到竹竿上。花开的时候，就像一个蓝绿相间的水帘洞，里面不时冒出几朵偷偷爬上去的五星花。花儿随风摇曳，让人怎么都看不够。傍晚的时候，我们会把桌椅搬到露台上，一家五口挨挨挤挤地坐在一起吃晚饭，热热闹闹，四周全是郁郁葱葱的花草。那个温暖的画面一直留在我的脑海里，永远不会忘记。

我们仨姐弟经常要上山去拾些干树枝树叶回家做柴火，跟屁虫表妹丽莎总是跟在我们的身后。每个人抱着重重的树枝，脸上手上被树枝刮了很多小划痕，但是每个人的脸上都挂着无忧无虑的笑容。下山时，我们还不忘摘一把淡紫色的紫苑或者黄灿灿的黄鹌菜带回家，插在花瓶里，带来一室芳香。一晃数十年过去了，时移世易，童年留在脑海里的印记就只剩下那些花花草草和温馨的往事。

花香飘洒街头巷尾

后来我到了广州，在这里定居生活。广州和家乡的小县城有好多相似之处。它贴地气，够市井，大街小巷充满着浓郁的生活气息。人和人之间的交往亲切自然，生活在这里的感觉舒适而自在。

广州的街坊们喜欢在自己的房前屋后种各种花草，搪瓷脸盆、瓦缸、泡沫箱、塑料盆……任何容器都有可能拿来种花。素有"花

哪怕是在破旧的老城区，下一秒也有可能被转角处一丛艳丽的三角梅惊艳到

城"之称的广州一年四季绿树成荫，繁花似锦，哪怕是在破旧的老城区，下一秒你都有可能被转角处一丛艳丽的三角梅惊艳到。

而我，无论生活在哪里，种花种草的日子从来就没有断过。阳台小一点，就少种一点，地方大，就种多一些。现在我拥有一个长二三十米，宽1.5米的大阳台，我花了好多年时间慢慢地才把它丰富起来。

刚开始并没有什么规划，喜欢什么就买什么花，花草的养护知识积累得也不多，因此除了一些比较皮实的品种，如长春花、绿萝、虎皮兰之类的，其余植物大多活不长。于是，我放慢了脚步，买了许多园艺书籍和植物百科全书看，慢慢积累经验，再加上对阳台做了些规划，这才着手种植起来。

牵牛花的相思物语

我喜欢牵牛花，就想方设法地去收集不同品种颜色的牵牛花种子，撒种子种起来。很快，隐形防盗网上的牵牛花比赛似地争先恐后爬了上去，紫红色的、深蓝色的，幸运的是小时候我最爱的天蓝色牵牛花也被我找到了。牵

牛花很快就爬满了防盗网，每天早晨防盗网上美得像一幅风景画一样，几十朵上百朵红的、蓝的牵牛花一起盛开，从厅里望出去，一堵花墙似的，美极了。

广州的天气如果不是特别极端的话，一年四季都适合种牵牛花。于是我收了种子后，除了寄给全国各地认识的花友，剩下的就不时地撒到花盆里，让它们又长出来爬上去。另外，蒜香藤、蓝雪花、繁星花也是我十分喜欢的花。蓝雪花和繁星花的表现尤为出色，没什么虫害，一年到头整天都在没心没肺地盛放。勤浇水，偶尔施下肥即可，最重要的是可以插杆种植，而且成活率高，很快一盆就能变成几盆，送人自用都适宜。

蒜香藤就需要多些耐心。我从户外剪枝回来种下后，足足等了三四年它才开始往上长，现在已经爬到防盗网的最顶端了。11月便是蒜香藤的花期，看着它的花蕾一点点地打开，然后开成一大串一大串紫色的花朵，不多久那片防盗网就被它承包了。这段时间里，没有任何一种花能抢过它的风头。慢慢地，我又增加了金银花、飘香藤、欧洲月季，阳台防盗网上的风景更美了。

上左 花架上挂着几盆五颜六色的百万小铃、矮牵牛，那真是放眼望去皆是花呀

上右 矮矮的围墙上放满了大大小小的花盆

下 因为喜欢牵牛花，就想方设法地去收集不同品种颜色的牵牛花种子，撒种子种起来

左页　有一个幸福的家庭，还有一个朝南种满花草洒满阳光的大阳台

右页　每天早晨必做的事情之一就是在阳台上摆上小桌子，放上丰盛的早餐，以花丛为背景拍照

阳台上的春色无边

在阳台玻璃门两边靠墙的位置，左边的多肉区，两个架子摆满了我的几十盆"肉肉"。右边的角落，我种下了一片狭叶落地生根，夹杂着铜钱草、吊兰和豆瓣绿，营造出一个养眼的绿油油的角落。防盗网上挂着一溜花架花盆，红的黄的白的紫的，这里一丛，那里一丛，太阳花、蓝色的蓝雪花、红色的繁星花和虎次梅、紫色的桔梗、红的白的月季……花架上挂着几盆五颜六色的百万小铃、矮牵牛，那真是放眼望去皆是花呀。

地上也摆了一排花盆，有时常开花的长春花、三角梅、千日红、木槿等，构成美丽的拍照背景。每天早晨我必做的事情之一就是在阳台上摆上小桌子，放上丰盛的早餐，以花丛为背景拍照。有我的这些美丽花草做背景，早

餐也变得更加秀色可餐了。这个画面时常让我想起小时候一家人挤在小小的种满花草的露台上吃晚饭的情景，想起爸爸妈妈，想起我们一家五口生活在一起的日子。虽然旧时光已经远去，但那些温暖的片段一直都在，只是换了一种方式存在而已。

现在的我，有了一个幸福的家庭，还有一个朝南种满花草洒满阳光的大阳台。每天的日常就是在阳台上劳作，松土施肥剪枝除虫，不时要给花草换盆，变换花盆的摆放位置，弄得满手枯枝泥巴，头发上沾着花瓣，为清洗阳台而打湿衣襟……每天忙碌完最惬意的时光莫过于手捧一杯热茶，从阳台的这头走到那头，又从那头再走回来，仔仔细细地端详每盆花的状况，拿起相机拍拍照。我要把花儿们最美的时刻全拍下来。此时此刻的我脸上情不自禁地挂满笑容，嘴角上扬，那是一种真真切切地从心底里涌出来的幸福感。

鱼池菜园综合体

图文│西风漫卷　**编辑**│玛格丽特－颜

主人：西风漫卷
面积：180 平方米
坐标：江苏南京

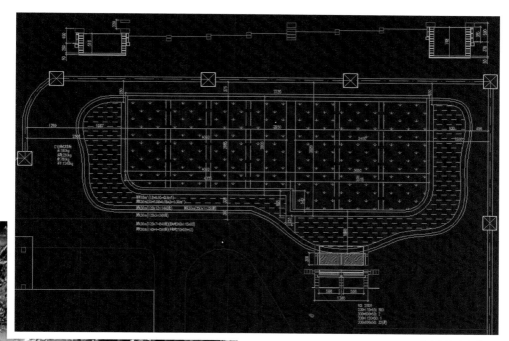

花园平面设计图

水是生命之源，做一个有自然生态感的园子，必然要有一片水之地，水面落花点点，水底鱼虾嬉戏，各种水生植物，挺水的、浮水的、潜水的，错落生长，一切自然就都灵动起来了。

构思设计

和水的不解之缘，一切就从建造水池开始，初期的设想是做个更自然态的水池，后来考虑占地、蓄水量、易于清理以及对外防御性（譬如防猫、防蛤蟆、防蜗牛等）、土方平衡等因素，还是决定采用半地下半地上的直壁形式。

水池是结合菜园一体考虑的，挖出的土正好用来抬高菜园标高，半高的水池壁也正好是做菜园的挡土墙，结合地形条件，水池及菜园的设计图很快就出炉了，施工方案及细节做法也都详细地考虑了，图纸精确到了每一块砖，工程量及材料用量也统计好了，剩下的就是静待开工。

愚公做水池

1. 挖坑

这一片地原就基本是块菜地，零星长了几棵花木，过程中需要移走一些花木。

遇到水管电缆等，需要再稍微调整设计进行避让。

还挖出来了几块大石头。

人工挖土，尤其是挖有相当深度的坑，还是挺有难度的，对体力也是个很大的考验。

2. 铺膜

采用PE防渗膜作为外防水，还有个作用可以防止外部的植物根系钻进砌体造成破坏，买了两种规格的膜，用起来才发现0.6毫米的太厚太硬凹造型完全搞不定，又是一笔学费。

外防水本来就考虑只是起辅助作用，也无大碍。

3. 浇筑底板

为了整体的稳固，底板采用的是在原土层上现浇混凝土，浇混凝土的劳动强度不亚于挖坑，主要是开始拌的混凝土偏干，混合太费劲儿，后来和的时候多加些水稀一点儿就容易拌和多了。

4. 砌筑

最初设计时砌筑材料是考虑全用耐火砖的，但是耐火砖得切割机切割，实在是不便于凹造型，后来还是决定用空心砖做主体结构，容易砌筑，凹造型只要瓦刀砍砍即可搞定，成本也要低一些。

为了防止裂缝，我还在内壁砂浆层中加一道铁丝网。这一道工序很是费工费力，对内粉刷影响很大。

5. 饰面

考虑与院子本身的整体风格一致，檐口及外包层采用耐火砖。檐口砖原计划是用T3标准砖侧立砌，觉得宽度太大与水池不太协调，就改用T14短砖横向平砌，难度也降低一些，为便于找平，这一层耐火砖是用干砂浆铺砌的。

6. 做内防水

内壁防水是必需的，防漏水只是一方面，更重要的是防止结构体吸水后造成冻融破坏。按以往经验，选用耐候性的防水浆直接涂刷，效果好施工也简单。

7. 边角处理

这部分基本都不在最初的设计中，而是在工程进行中灵光一现的因地制宜。

小路和鱼池之间一直考虑要做一溜抬高的小花池，但怎么做一直没想好，开始是想直接

结合地形条件，水池及菜园的设计图很快就出炉了，施工方案及细节做法也都详细地考虑了

在路边砖上砌高两皮的半砖，施工最简单，但是要占用本就不宽的小路宽度。路边到鱼池的距离又很窄，侧立一块砖都嫌厚，突然想到用三分片立砌，但是怎么生根也是个难点，当然办法总比困难多。

菜园田垄

　　鱼池完工了，因为一些花木的影响，田垄是否继续一直犹豫不决，暂时不做等于一直拖个尾巴，而且要拖很久，期间菜园耕种也不方便，最后还是决定多退让点儿，避开花木把这一部分做完。

　　1. 浇筑封边主垄。

　　比设计多退让了大概有20公分。这一条是要兼做菜园挡土墙的，得做结实点儿。

　　2. 做分隔垄。

　　原设计菜园分隔后是七条，因为挖坑时候的各种障碍缩小了规模，实际完工后是六条了，鱼池设计周长是30米实际完工是28.5米。

左页　鱼池菜园整体完成的模样
右页　角落的花花草草也为花园出一份力

总结

　　鱼池菜园的整体形式是水池环绕着菜地，我也称之为"半岛菜园"，这样布置的优点是浇水非常方便，随手就可以舀水浇菜。缺点或者说隐患是水池的形状在结构上很不利，容易因为不均匀沉降而开裂，所以我这个水池做的时候实际是分了四个相对独立的单元，单元之间可以允许有一定的沉降差。

　　鱼池没有循环过滤系统，一方面靠各种水生植物净化水质，水池里面种植了尽可能多种类的水生植物，还有多种水生动物，各种小鱼小虾、螺蛳、蜻蜓豆娘的幼虫等等，完全不用担心蚊子的滋生，甚至于从来就没在水池里发现过孑孓。另一方面就是浇菜浇花的消耗可以补充部分新鲜水。所以一年中大多时候池水都能够清澈见底，在早春水生植物没生长起来的时候容易发生爆藻，水质会变差，可以增加补充水量来改善水质。做水池的时候在水池壁上也设置了一些溢流孔，初衷是让多余的池水溢流渗透到菜地里，实际效果并不是很理想，因为水在菜园土里的渗透性并不像想象的那么均匀。

左页 俯瞰花园小径的全貌

右页 铁架上的植物还没长起来

鱼池菜园部分建成到现在已经有四年了，在这几年里又在菜园里增加了蚯蚓堆肥塔，鱼池边上砌了堆肥池。日常的瓜果皮核和厨余倒进蚯蚓塔处理，花园修剪的枝条和菜园秸秆以及落叶等园艺垃圾都进堆肥池处理，基本上形成了一个闭合的生态循环。蚯蚓塔能产生多大的肥力不好说，目前感觉并不明显，但处理厨余垃圾的能力是实实在在的，和堆肥池一起是我的垃圾减量利器。

编者后记

今年的4月，突然大雨降温，依约去了南京西风漫卷的花园，毕竟在花园里主人自己做的火包炉现烤的红薯羊肉比萨太诱人。

院落整体面积并不大，由西边入户道分为南北两个区域。南半边是两年前刚建好的花园，其中南侧砌了"大脚丫"鱼池，周围是捡来的石头堆成的自然种植坡，植物茂盛（西风称之为"天池花园"）。西侧挖了水井，是整个院落的主水源，可以手动压水浇花，也可以全院落范围自动喷灌。两部分之间是铁艺凉亭，可小憩乘凉。北半边是菜园和主休闲区，三个烤炉就位于菜园和休闲区之间。菜地鱼池占了很大的面积，鱼儿和水生植物，共生互养，鱼池里富含养分的水又可以用来浇灌菜地。菜地上还布置了好几个塑料水管做的蚯蚓堆肥塔，日常的树叶菜皮丢进去，发酵后直接作为菜地的肥料，还方便移动。西风漫卷把这一处叫做"鱼池菜园综合体"，想动手的花友们不妨参考。

  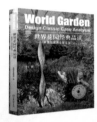
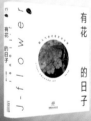